多相土石复合介质电阻率特性及其应用

赵明阶　汪　魁　荣　耀　刘运来　周军平　著

人民交通出版社

内 容 提 要

本书详细介绍了多相土石复合介质电阻率特性的最新研究成果。主要内容包括岩土介质的导电性能及电阻率结构模型、土石复合介质的界定及物理力学特性研究、多相土石复合介质电阻率特性的试验研究、多相土石复合介质电阻率特性的理论研究以及多相土石复合介质电阻率特性的应用研究等。

本书可供高等院校水利工程、道路工程、土建工程、地质工程、地球物理勘探等专业高年级学生使用，也可供相关专业的工程设计、施工、检测、监理及科研人员阅读与参考。

图书在版编目（CIP）数据

多相土石复合介质电阻率特性及其应用 / 赵明阶等著. — 北京：人民交通出版社，2014.5

ISBN 978-7-114-11387-1

Ⅰ.①多… Ⅱ.①赵… Ⅲ.①岩石电阻率—研究 Ⅳ.①P631.3

中国版本图书馆 CIP 数据核字（2014）第 079125 号

书　　名：多相土石复合介质电阻率特性及其应用
著 作 者：赵明阶　汪　魁　荣　耀　刘运来　周军平
责任编辑：郭红蕊　潘艳霞
出版发行：人民交通出版社
地　　址：（100011）北京市朝阳区安定门外外馆斜街 3 号
网　　址：http://www.ccpress.com.cn
销售电话：（010）59757973
总 经 销：人民交通出版社发行部
经　　销：各地新华书店
印　　刷：北京市密东印刷有限公司
开　　本：787×1092　1/16
印　　张：7.25
字　　数：175 千
版　　次：2014 年 5 月　第 1 版
印　　次：2014 年 5 月　第 1 次印刷
书　　号：ISBN 978-7-114-11387-1
印　　数：0001～1000 册
定　　价：35.00 元

前　言

在水利工程建设中，涉及大量的土石填方，如港口陆域填方、土石堤坝、土石地基等。尤其是在我国西部山区，河流纵横，各类水工建筑物密布。由于受到地形地貌的限制，许多水工建筑物都是以土石混合料作为填筑材料，这些土石填方的承载能力与稳定性直接与土石复合介质的结构特征相关。但是作为填料的土石复合介质，它是由土颗粒、岩石颗粒、颗粒间的孔隙以及孔隙中的气体和水等组成的典型多相体，其颗粒组成复杂，粒径分布范围较广，级配变化较大，不同的土石混合料的工程特性变化较大，土石复合介质的颗粒成分和粒径大小、压实情况和综合含水率等因素都对其工程质量的好坏产生影响。因此，如何对土石复合介质的物理结构特征参数进行探测和评价就至关重要。

近年来，随着地球物理勘探方法在岩土工程中的不断普及，电阻率测试技术作为一种最为常用的物探方法，被广泛应用于各类土石工程的隐患检测和质量评价中。由于土石介质的电阻率与其物理特征参数息息相关，因此，在水利工程中，对各种土石填方的健康诊断和质量评价具有显著的效果。利用电阻率测试技术对土石填方进行诊断和评价的基础是岩土介质电阻率特性及理论模型的研究。目前，对于单纯的岩石介质或者土体介质而言，国内外已经开展了大量的电阻率特性的研究，其电阻率理论的结构体系相对完善，在单纯的岩石介质或土体介质中，电阻率测试方法的应用结果较为理想。然而由于土石复合介质颗粒组成广泛，粒径变化较大，其电阻率特性受颗粒的性质和大小、粗颗粒的含量、含水率、压实干密度等多种因素的影响，相对于纯岩石介质或者土体介质，其电阻率理论有着显著的不同。因此，利用现有的岩石或土体的电阻率理论难以准确地对土石复合介质的物理特征参数进行评价。

影响多相土石复合介质电阻率的因素较多，如含水率、孔隙结构大小、饱和度、颗粒含量及其特性等因素都对其电阻率特性具有影响，而且各影响因素之间具有关联性，使得多相土石复合介质的导电性能变得极其复杂。目前，还没有系统的电阻率理论的研究，也未形成相应的理论体系，从而阻碍了电阻率测试技术在各类土石工程勘探和检测中的应用。因此，多相土石复合介质的电阻率理论研究已经成为运用电阻率测试技术解决土石工程隐患探测和质量评价的关键技术问题。

鉴于上述情况，为了通过电阻率测试技术对土石复合介质的物理力学参数进行定量评价，为准确地对土石填方工程进行隐患探测和质量评价，作者依托国家自然科学基金项目（50779081、51279219）、重庆市教育委员会科技计划项目，对多相土石复合介质的电阻率特性及其应用进行研究。其目的是在对多相土石复合介质导电性能研究的基础上，分析多相土石复合介质电阻率特性的影响因素，建立多相土石复合介质电阻率与其结构性参数之间的理论关系，基于理论和试验研究，初步建立多相土石复合介质电阻率特性的理论体系，提出基于土石复合介质电阻率理论模型反演物理参数的方法。然后结合土石坝和土石地基等土石填方工程的特点，设计不同的土石坝渗漏模型和填方缺陷模型，利用电阻率成像方法，对土石坝模型进行渗漏诊断，对土石填方模型进行质量评价，从而为电阻率测试方法在土石工程中进行隐患探测和质量评价提供科学的决策依据。书中所介绍内容为作者在多相土石复合介质电阻率特性的理论与试验方面所做的初探性研究成果，许多问题还有待进一步研究。

课题研究得到国家自然科学基金、重庆市教育委员会科技计划和江西省交通厅科技计划经费支持，同时在研究过程中得到了重庆市高校水工建筑物健康诊断技术与设备工程研究中心、水利水运工程教育部重点实验室、江西赣州高速公路投资有限公司等单位的大力协助和支持，在此，作者对给予本课题支持的单位表示衷心的感谢和诚挚的敬意。

由于作者学识所限，不当和错误之处在所难免，恳请读者批评指正。

作　者

2013 年 12 月于重庆交通大学

目　录

第1章　绪　　论

1.1　岩石电阻率特性的研究现状

关于岩石的电阻率理论模型，早在20世纪20年代就开始了研究，电阻率测井数据开始用于储油地层的定性解释，如油层的识别和划分。但是在1942年以前，虽然大量的研究集中在如何通过电阻率测井资料解释地下油气储层量的问题，但是这些早期的研究都没能确定岩石的饱和度和电阻率测井数据的关系，难以利用电阻率测井数据定量解释储层特性。直到1942年，美国测井工程师Archie[1]利用双对数坐标研究了饱和砂岩岩样的电阻率和孔隙度之间的关系。从此，Archie定律在砂岩地层的测井解释中发挥了巨大的作用，但同时围绕Archie公式的研究和争论也一直都没有停止过，即使是在21世纪的今天，国际上仍然有人在研究Archie模型中的饱和度指数和胶结指数，其焦点在于Archie模型的适用性和其参数的物理意义[2]。

由于Archie公式的前提是岩石的固体部分(骨架)是不导电的，然而由于泥质表面颗粒的导电性，所以首先在泥质地层中发现了Archie定律应用的偏差。于是，大量的学者开始了泥质附加导电性的研究，根据考虑泥质附加导电的不同方式，许多学者都提出了相应的岩石的电阻率模型。这些代表性的泥质岩石电阻率模型主要包括V_{sh}型导电模型和Q_v型导电模型两大类[3]。

在20世纪60年代以前，研究岩石导电模型主要是从岩石泥质数量和泥质分布形式的角度来考虑岩石泥质的附加导电性，基于这种方式，形成了大量的V_{sh}型导电模型。Patnode和Wyllie(1950年)[4]率先发现了Archie公式在泥质砂岩中应用的偏差，发现通过Archie模型得到的泥质砂岩的地层结构因子要比实验测得的数据偏大，从而认为泥质砂岩的电阻率模型需要考虑泥质颗粒的附加导电性；Winsauer(1953年)[5]通过假设泥质颗粒悬浮在地层水中，将泥质作为一种导体参与电流传导，岩石的电导是泥质的电导与砂岩电导相并联而成，建立了二元导电模型；Wyllie和Southwick(1954年)[6]进一步研究给出了泥质电阻、电解液构成的电阻及泥质与电解液串联构成的电阻三种导电途径的三元并联导电模型；Poupon(1954年)[7]认为，岩石中泥质颗粒、砂岩等成分是分层导电的，基于此，研究了层状泥质砂岩导电模型；A. J. de Witte(1957年)[8]将泥质附加导电项与地层因素之积定义为储层的泥质含量，而且认为泥质含量和地层水的导电性无关，并据此提出了一个泥质附加导电性的补

偿变量 AF。

虽然20世纪50年代关于泥质砂岩导电模型已经有了大量的研究成果,但这些成果中提出的泥质附加导电性仍然是一个概念性的指标,与利用测井数据直接定量表达不同。因此,20世纪60年代初开始,与测井资料直接联系的泥质砂岩模型成为人们研究的焦点。Hossin(1960年)[9]用泥质含量的参数来描述孔隙度的大小,把饱和纯岩石模拟成饱和的泥质岩石,利用泥质电导性来模拟地层水的电导性,从而利用泥质附加电导率来表达含水纯岩石的电导率;Simandoux(1963年)[10]对砂和蒙脱石混合物的导电性进行了大量的试验研究,将泥质的附加导电性考虑成 $C_{sh} \cdot V_{sh}$ 的形式;Poupon 和 Leveaux(1971年)[11]针对印度尼西亚的低矿化度砂泥岩储层,研究了 C_0-C_w 曲线的非线性,将泥质砂岩的电流传播分成三个路径,分别是岩层的地下水的电流传播路径、黏土矿物的电流传播路径以及地下水和黏土矿物相互交叉的电流传播路径,在此基础上提出了"印度尼西亚饱和度公式"。

上述模型大多是依赖于试验数据建立的地区性经验公式,没有一定的理论基础,而且仅仅依赖于泥质含量这个参数也难以进行精确地描述,所以上述模型没有得到进一步的发展。20世纪60年代之后,一些学者研究了黏土矿物表面的双电层,由于带负电的黏土片状颗粒会和周围的水分子、阳离子等组成双电层,双电层中的阳离子和阴离子在电场的作用下发生交换从而形成附加电流,于是开始利用这种双电层理论解释泥质附加导电性。

从黏土矿物表面双电层这个角度考虑泥质附加导电对岩石导电的影响,也就是将泥质附加导电归结为这种附加的阳离子交换导电,阳离子交换容量 Q_v 表征黏土矿物表面吸附的阳离子交换能力,从这个角度形成了 Q_v 型导电模型。代表性 Q_v 型导电模型有:

(1)Winsauer 和 Mccardell(1953年)[12]首先通过双电层理论对泥质砂岩的导电性能进行解释,研究提出了岩石孔隙自由电解液导电和黏土矿物附加电导率两种导电途径相并联的泥质岩石电导率模型。

(2)Hill(1956年)[13]为了验证这种黏土矿物表面的导电性,对泥质砂岩进行大量的电导率测试实验和电化学分析,在此基础上对 C_0-C_w 曲线的非线性关系进行了研究。

(3)对于含泥质的岩石,Waxman 等人认为,泥质岩石中黏土颗粒表面吸附了阳离子,而这些阳离子和周围的水分子、阳离子等组成双电层,双电层中的阳离子和阴离子在电场的作用下发生交换从而形成附加电流,因此,固体颗粒的导电性与可交换阳离子的数量有关。在这种思想指导下,Waxman 和 Smits[14]于1968年提出了分散泥质砂岩 Waxman – Smits(W – S)电导率模型。

(4)Clavier 等(1977年、1984年)[15-16]通过对不同的岩石孔隙水进行区分,认为孔隙中的自由水和黏土束缚水具有不同的导电性能,在这两种孔隙水并联导电的基础上提出了适用于泥质砂岩的双水导电模型。

(5)Hanai(1968年)考虑到电解液中存在的导电颗粒,建立了应用广泛的 Hanai – Bruggeman 两相介质电导率模型(简称 H-B 电导率模型)[17]。

这些岩石电导率模型在油田测井中得到了大量的应用,尤其是 W-S 模型和双水模型。20世纪80年代,在上述岩石电导率模型的基础上,一些学者进一步对这些模型进行了研究,如 Bussian(1983年)[18]在利用 H-B 两相介质电导率模型研究低频条件下泥质砂岩的电导率特性时,建立了 Bussian 方程;在此基础上,Lima 等[19-20]进一步研究了适用于黏土、泥质及泥质砂岩的导电模型；Berg 等[21-22]利用等效介质理论建立了计算含水饱和度的一般方程。

然而在 20 世纪 80 年代以后，在利用这些电导率模型进行电阻率测井数据的解释时，仍然发现了偏差，这些偏差不仅是对于泥质砂岩，而且对于一些纯净的砂岩也不能进行有效的解释。于是，相应的研究出现了新的岩石导电模型。主要研究进展如下：

(1) Diederix(1982 年)[23]研究了商岭石和伊利石的非电化学特性，指出这种岩芯颗粒表面的粗糙性导致了饱和度指数的降低，这是因为这种粗糙性使得颗粒表面聚集了相对较厚的水膜，从而增加了电流传播的路径，使得电阻率对饱和度的敏感性降低，从而引起了 I-S_w 曲线的弯曲。

(2) Swanson(1985 年)[24]研究了黏土和燧石中的微孔隙对电阻率的影响，指出这种微孔隙也会引起饱和度指数的变化。在含水饱和度较低时，尤其是在低矿化度下，电阻率对次生孔隙中流体的类型响应比较迟钝。Swanson 认为，除了岩石颗粒表面的导电性和孔隙水的导电性之外，这种黏土矿物和非黏土矿物可能形成的微孔隙也具有传播电流的能力，同时，他推测微孔隙同其他导电路径可能是串联的。这一研究使人们进一步意识到微孔隙在电阻率中起的作用。

(3) Worthington(1985 年)[25]也对这种微孔隙的影响进行了研究，指出由于这种微孔隙的孔隙结构特征对饱和度指数的影响而造成了描述含水饱和度可能产生的偏差。

(4) Brown(1988 年)[26]进一步研究了 W-S 模型对泥质砂岩电阻率数据分析的偏差，指出泥质附加导电性的形成原因除阳离子交换之外还有其他因素。

(5) Crane(1990 年)[27]也发表了上述类似的观点，他认为造成 I-S_w 曲线弯曲的原因是由于微孔隙等其他因素导致了饱和度指数的变化。

通过这些岩石电阻率特性理论的研究，说明岩石的导电性是孔隙水和表面颗粒导电性共同作用的结果，但是根据岩石孔隙结构特征的不同，应该在不同的情况下，分别考虑自由孔隙、微孔隙以及黏土孔隙等不同类型的孔隙水的导电性能。

虽然泥质及黏土的附加导电性是组成岩土体介质导电性能的重要部分，但是片面的夸大这种附加导电性对泥质砂岩导电性的影响，也会导致不能准确地描述砂岩的整体导电性。曾文冲(1991 年)[28]从地质沉积学原理对泥质砂岩的附加导电性进行了研究，认为砂岩泥质含量的增加是地质体内部能量转化的反映。随着高能量向低能量的转化，砂岩的骨架颗粒由粗变细，孔隙直径变小，弯曲度增大，从而地层孔隙结构更为复杂化。这种现象的结果就是，地层宏观导电截面的减小和长度的增加，从而电阻率也相应的增加；曾文冲还从渗流特性上将自由孔隙水和微孔隙水进行区别，并在基础上提出了可动水模型。

近年来，国内也有学者开展了泥质砂岩的导电性模型的研究[29-34]。如朱家俊等(2003 年)[29]建立了适用于泥质砂岩的双孔隙导电体积解释模型，该模型的所有特征参数均可由测井解释获得，并有明确的地质和物理意义，可与岩芯数据对比；范业活等(2005 年)[30]根据单毛管双电层电位理论，结合串联毛管束理论，推导了含水泥质砂岩电导率模型；宋延杰(2005 年)[31-32]建立了分散泥质和层状泥质同时存在的混合泥质砂岩通用双电层电导率模型；李剑浩(2007 年)[33]导出了双水混联模型的等效地层水电导率新公式；张丽华等(2010 年)[34]通过在饱和度方程中引入与岩石性质有关的岩性系数 a，建立了新的三水模型。

1.2 土的电阻率特性的研究现状

1942 年，Archie[1]利用饱和无黏性土的电阻率数据，建立了电阻率和孔隙结构特征的关系，提出了适用于饱和无黏性土的电阻率理论模型。同时，Archie 还提出了结构因子 F 的概念，F 定义为介质总电阻率与孔隙水电阻率之比，是个无量纲参数。结构因子 F 可反映土的结构和孔隙情况，与土的颗粒大小和形状、孔隙率、饱和度、胶结指数等有关。Archie 公式主要适用于饱和的无黏性土、纯净的砂岩介质。

由于 Archie 公式是针对饱和土的，所以它不适用于非饱和土的电阻率结构。Keller 与 Frischknecht(1966 年)[35]在 Archie 模型的基础上进一步研究了饱和度对电阻率的影响，提出了适用于非饱和土的电阻率模型。

上述两种土的电阻率结构模型都是只考虑了土体内部孔隙水的导电性，而忽略了土颗粒本身的导电性，实际中，对于土颗粒表面导电性良好的土体(黏性土)，Archie 模型是不适用的。因此，Waxman 与 Smits(1968 年)[36]通过试验研究，提出黏性土颗粒通过表面双电层的阳离子交换进行导电，将土体的电流传播假定为是同时通过土颗粒和孔隙水两条路径进行的，在此基础上得到了适用于非饱和黏性土的电阻率模型；在 Waxman 和 Smits 研究的基础上，David Huntley(1987 年)[37]、Worthington(1993 年)[38]研究了黏性颗粒对砂土电阻率的影响，在 Archie 公式中结构因子概念的基础上提出了表观结构因子 F_a 的概念，F_a 为土体电阻率与孔隙液电阻率之比。David Huntley (1987 年)[37]研究了基质电阻率的影响，也就是表面传导的影响，提出土体导电性是土颗粒电阻率、孔隙液体电阻率、基质电阻率的综合影响的结果。在此基础上，Worthington(1993 年)[38]提出土的表观结构因子 F_a 和结构因子 F 的相关关系为：

$$F_a = F(1 + BQ\rho_w)^{-1} \tag{1.1}$$

显然，当不考虑土颗粒表面的导电性时，$F_a = F$。

Mitchelll(1993 年)[39]认为土的导电模型是三元的，并提出了土的电导率三元结构模型；国内学者查甫生、刘松玉等(2007 年)[40-42]在 Mitchelll 土的电导率三元结构模型的基础上，推导出非饱和黏性土的电阻率结构模型。

对于各向异性的土体，利用土电阻率特性指标可以定量描述土的各向异性。Mousseau 和 Trump(1967 年)[43]最先提出了利用土的电阻率描述土的各向异性，定义土的各向异性因子 A' 的表达式为：

$$A' = \sqrt{\frac{\rho_V}{\rho_H}} \tag{1.2}$$

式中：ρ_V、ρ_H——土体沿竖向和水平向的电阻率大小。

在此基础上，Arulanandan 和 Kutter(1978 年)[44]利用电阻率指标研究了土的各向异性，定义各向异性指数 A 表达为：

$$A = \sqrt{\frac{\rho_V}{\rho_w}\Big/\frac{\rho_H}{\rho_w}} = \sqrt{\frac{F_V}{F_H}} \tag{1.3}$$

式中：F_V——竖直方向的结构因子：

$$F_V = \frac{\rho_V}{\rho_H} \tag{1.4}$$

F_H——水平方向的结构因子：

$$F_H = \frac{\rho_H}{\rho_w} \tag{1.5}$$

同时，还可以定义土的平均结构因子 $\overline{F}$：

$$\overline{F} = \frac{F_V + F_H}{3} \tag{1.6}$$

Arulanandan 和 Kutter（1978 年）[44]利用电阻率指标描述土的颗粒特征，定义了土的平均形状 因子$\bar{f}$，其表达式为：

$$\overline{F} = n^{-\bar{f}} \tag{1.7}$$

在上述土的电阻率理论模型研究的基础上，一些学者还通过大量的试验，通过测试土的电阻率与土体物性参数的相关关系，获得了土体电阻率的试验统计模型。如刘国华（2004年）[45]采用改进的 Miller Soil Box 进行土样的室内电阻率试验，依据试验数据得出影响土的电阻率变化的主次因素顺序是：含水率、孔隙水的导电性、饱和度、土的种类，并基于 Archie 模型建立了一个适用于地区土的黏土电阻率模型。

1.3 岩土电阻率特性在工程中的应用研究现状

岩土体介质的电阻率特性是与其结构性参数息息相关的，通过岩土体的电阻率测试来反演其内部结构性参数，具有准确、无损、高效、经济、方便等优点。电阻率测试技术已经大量的应用于现场与室内岩土介质特征参数（如储层的含油程度、岩石的润湿性、土的密实度、岩石和土的渗透性等）的评价。

岩石的电阻率理论主要应用于电阻率测井中，由于岩石造岩矿物的复杂多变和区域地质环境的不同作用，岩石的孔隙结构特征千差万别，电阻率测井数据对油气储层的响应曲线也各不相同。因此，可通过电阻率测井资料来研究储层孔隙结构特性。事实上，岩石的导电性能影响因素较多，而且岩石孔隙结构特征千变万化，微观孔隙结构性参数难以控制，而通过合理的岩石电阻率结构模型可以避免一些难以控制的次要因素，抓住主要影响因素，从而可以发挥电阻率理论在测井资料分析中的优越性。

20 世纪 60 年代开始，一些学者开始通过岩石的电阻率理论研究岩石在受载条件下的变形特征。Brace 和 Orange（1968 年）[46]用二极法测试多种岩石在不同围压和裂隙水压力作用下的电阻率变化，研究了受载岩石的电阻率和形变的相关关系。在此基础上，张天中（1985 年）[47]等研究了不同岩样在压缩过程中的电阻率变化，得到压缩过程中岩样电阻率和应力关系的曲线。李德春等[48]针对典型的煤矿岩样，测试了几十块岩样在受压过程中的电阻率数据，得到不同类型岩样的电阻率和压力变化关系曲线。陆海龙等[49]通过对不同硬度煤样进行单轴压缩电阻率测试实验，研究了煤样电阻率的各向异性特征以及煤样在循环受载情况下电阻率与应力变化的关系。王云刚[50]对单轴压缩条件下的大尺度冲击性煤样进行了电阻率测试试验，研究了电阻率随压力变化的关系，其成果表明煤样的单轴抗压强度和其电阻率呈一定的正相关性。

对于土体电阻率理论的应用，由于工程中土体多为压实土，到20世纪90年代，人们开始对击实土的电阻率特性进行深入研究，如 Kalinski（1993年）[51]、Abu－Hassanein（1996年）[52]等研究了击实土的电阻率的主要影响因素。研究表明，一般情况下，土体的电阻率对含水率极为敏感，随着含水率的增加，土体的电阻率急剧减小。而在相同的击实功的情况下，可以通过测试击实土的电阻率来判断其结构性参数的大小。

Arulmoli 和 Arulanandan（1994年）[53]首先将土的电阻率特性理论应用于砂土液化的研究，通过对砂土压缩过程中的电阻率测试试验，发现随着电阻率指标 $A\bar{f}/\overline{F}$ 的增大，砂土的压缩指数不断增大；而指标 $A^3/(\overline{F}\bar{f})$ 还与土的动力反应有较好地吻合；因此，可通过电阻率测试方法给出评价与砂土液化相关的力学指标。

John A. Howie（1997年）[54]利用电阻率测试的方法研究了软土地基的结构特征，并利用电阻率数据对软土地基加固后的质量进行了评价。

E. Ristodemou 等（2000年）[55]利用电阻率测试技术对垃圾填埋场的污染特性进行了研究，建立了电阻率特性指标和污染土渗透系数之间的关系。

国内学者刘松玉等（2000年）[56]利用电阻率测试技术对水泥土的内部结构进行了研究，通过不同龄期的水泥土的强度大小，得到了水泥土的电阻率与龄期和含水率的关系。研究表明：水泥土的电阻率及抗压强度随着龄期的增加而增加，随含水率的增加而降低，并将水泥土的这种电阻率特性应用于水泥土粉喷桩的工程质量检测中。

Yoon（2001年、2002年）[57－58]研究了工业污染对砂土电阻率的影响，通过室内模拟污染土的特征，利用电阻率测试试验研究的方法，研究了土的污染对土的结构因子产生的影响。其研究结果表明：随着污染物浓度的增加，污染物的电化学作用增强，孔隙液中的离子运动能力不断减弱，电阻率结构因子不断增大。

Delaney（2001年）[59]通过对冻土的电阻率数据进行测试，分析研究了低温对电阻率的影响。

M. Fukue 等（2001年）[60]研究了孔隙液体含有不同 KCl 和 NaCl 以及油等的黏土和砂的电阻率特性，通过大量的试验研究，得到了土体电阻率随不同孔隙液体的变化规律。

Shang 和 Rowe（2003年）[61]通过测试垃圾填埋场的电阻率数据，研究了不同成分污染物的导电特性。

于小军（2004年）[62－64]通过对地区性膨胀土、水泥土、海相软土的电阻率特性进行大量的试验研究，建立了地区电阻率统计模型，并指出了膨胀土、软土电阻率结构性参数的获取、电阻率模型的特点，提出了适用于该类型土的平均表观结构因子的概念，建立了电阻率综合结构因子 M 预估软土蠕变量的方法，并利用电阻率综合结构因子，提出了连云港海相软土结构性弹塑性模型。

韩立华（2006年）[65－66]通过对重金属污染土的电阻率测试试验，研究了电阻率参数随重金属浓度变化的关系，提出了重金属污染土的电阻率参数的评价标准；韩立华[65－66]还通过对不同的水泥土和污染水泥土进行电阻率测试试验，分析了水泥龄期、水泥掺入比、含水率、饱和度等因素对水泥土和污染的水泥固化土的电阻率特性的影响，并据此预测了水泥土污染后的强度和渗透性等的变化规律。

查甫生（2006年）[40-42,67-72]从非饱和黏性土的电阻率理论模型研究出发，对合肥地区膨胀土、西安地区黄土等典型非饱和黏性土的电阻率特性进行试验研究。对膨胀土反复胀缩过程中的电阻率特性进行研究，得到了各级循环胀缩过程中土体微观结构的变化规律；通过黄土湿陷变形过程中的同步电阻率测试，利用电阻率结构性参数的变化规律，分析了黄土湿陷过程中土的微结构变化规律。

席培胜、刘松玉等（2007年）[73]对水泥土搅拌桩桩芯样进行电阻率测试，通过电阻率参数指标定量分析了水泥土搅拌桩在水平方向和沿桩身方向的均匀性；并通过与搅拌桩桩身标贯击数和无侧限抗压强度等宏观力学指标对比，验证了利用电阻指标评价水泥土搅拌桩搅拌均匀性的科学性与可行性。

付伟（2009年）[74]通过室内试验研究了单轴压缩和冻融作用下粉质黏土的电阻率特性。研究表明，利用电阻率测试技术能够描述土体受力过程中的应力和应变的变化特征。

国内其他学者也进行了大量的土体电阻率与物性参数的相关关系研究，如郭秀军（2003年）[75]通过室内实验，研究了不同类型土的物性参数与其电阻率的关系，此基础上得出了黏土的压缩系数、黏聚力、压缩模量与电阻率的拟合关系；康辉平（2006年）[76]研究了堤坝土体电阻率的影响因素，提出判定堤坝隐患的电阻率异常特征的方法；李庚（2008年）[77]通过室内试验研究了不同含水率和击实状态下的击实土的电阻率特性；孙树林等（2010年）[78]通过对不同石灰含量的黏土进行电阻率测试试验，分析了灰土比、含水率、饱和度、土的结构及土的粒径等多种因素对掺石灰黏土电阻率的影响，研究了电阻率与不同石灰配比击实土样的物理力学性质之间的关系。

1.4 电阻率成像技术及应用研究现状

电阻率层析成像（Resistivity tomography）是通过人工施加地下稳定直流电场，利用预先布置的若干道测量电极，采用预定的装置排列形式进行扫描观测，研究地下一定范围内空间电阻率变化规律的一种直流电阻率勘探方法。其基础是地下岩土体介质及各种探测目标之间的导电性差异，从而可以根据地下电阻率异常分析有关地质问题。“电阻率层析成像”一词首先是由 Shima 和 Sakayama 在 1987 年首次提出，并同时给出了反演解释的方法。随后众多学者进行了电阻率层析成像的理论研究，并在此基础上开展了与此相关的计算机模拟研究。第一台电阻率层析成像仪器——MCOHM-21 型诞生于 20 世纪 90 年代初期，由此电阻率层析成像在传统的电阻率法的基础上诞生。

电阻率层析成像技术目前的研究成果多集中在正演及反演算法上。电阻率正演过程事实上就是通过求解 Poisson 方程获得电场分布的过程，因此，根据 Poisson 方程的求解可将正演方法分为解析法、物理模拟法和数值模拟法。由于实际地质体的复杂性，往往都是多场源的叠加，使得解析法和物理模拟法都难以实施，而随着计算机科学技术的应用越来越广泛，数值模拟的方法越来越成熟，应用越来越方便。针对某一确定的边界条件，Poisson 方程的解具有唯一性。Poisson 方程的求解方法目前主要有积分法、有限差分法及有限单元法。各种方法的适用范围不同，积分法一般适用于几何边界条件较为简单的电阻率模型，而有限差分法及有限单元法适应性强,使用范围广,是广泛使用的数值模拟方法。自从 Coggon J. H.(1971 年)根据有限元理论,提出电磁场总能量最小的思路,建立了模拟电场和电磁场的有限单元法,首次将有限元法用于电法勘探中,大量的学者开始研究电阻率正演的有限元算法[79-83],如阮百尧等(2001 年)[84]编制了三维地电断面的正演模拟有限单元法计算程序,并利用该程序模拟了三维点源电场的电阻率测深方法;黄俊革、阮百尧等(2003 年)[85]推导了通过异常电位法计算偏导数矩阵的过程,从而使计算的边界条件得到简化,节约了计算时间,提高了反演的精度。蔡军涛、阮百尧(2007 年)[86]在复电阻率二维数值模拟的过程中,研究了基于三角形单元的有限单元法。针对有限单元法在计算中不能考虑时间因子的影响,人们逐渐将有限差分法引入电阻率正演的计算中,如 Mufti(1976 年)[87]、Dey 和 Morrison(1979 年)[79]采用五点差分格式推导了泊松(Poisson)方程的数值解;而后 Dey 和 Morrison(1979 年)[80]为了模拟三维任意形状的地质体,针对有限差分法对于复杂边界条件适应性差的缺点,在有限差分法中考虑了混合边界条件; Spitzer 等(1995 年)[88]提出了共轭梯度的有限差分格式;从 20 世纪 80 年代开始,我国的地球物理工作者刘树才(1995 年)[89,90]、吴小平等(1998 年)[91]、刘正栋(2000 年)[92]、王昌学等(2005 年)[93]、韩江涛等(2009 年)[94]也分别开展了有限差分法的不同研究。

电阻率反演也就是根据地下电场的分布情况,研究目标范围的岩土体介质电阻率分布情况。电阻率反演技术包括奥克姆方法、等位线追踪方法、联合代数重建方法、最小二乘共轭梯度方法、奇异值分解方法、正交变换投影方法、模拟退火方法以及遗传算法等。常用的电阻率反演的主要方法有最小平方优化法、块反演方法以及平滑约束反演方法等。电阻率法是最为古老的地球物理方法之一,电阻率成像反演本质上属于典型的地球物理反演问题。早在 1920 年,Schlumberger 就开始寻求对电阻率法资料的解释方法,但是当时的电阻率结果还难以反映地下断面的真实情况;Pelton 等(1978 年)[95]首次对二维的电阻率数据和极化效应数据进行了反演;Petrick 等(1981 年)[96]使用 α 中心法对三维的电阻率反演过程进行了推导,并取得了较好的结果。但是该方法对电导率的变化空间有较大限制性要求,而且对初始模型的要求也比较高,所以并未广泛推广;到 20 世纪 90 年代,Shima 等(1990 年,1992 年)[97,98]先后两次改进该方法,并将其应用于井间的电阻率成像;而 Park(1991 年)[99]利用有限差分法首次开展了三维电阻率反演方法的研究;而后 Ellis 等(1994 年)[100]利用有限元法对三维电阻率反演进行了系统的研究;Zhang 等(1995 年)[101]使用共轭梯度法对三维模型的正反演问题进行了研究。

随着电阻率勘探的大量应用,国内学者也对电阻率成像反演理论进行了大量的研究。如我国王兴泰等 (1996 年)[102]利用佐迪反演方法对地表高密度电阻率法的数据采集结果进行电阻率图像重建;王若等(1998 年)[103]针对佐迪反演方法在二维拟断面应用中的缺陷进行了三个方面的改进,并通过数字模拟和野外实测数据对改进后的佐迪反演方法在二维电阻率反演应用中的可行性进行了验证;张大海等 (1999 年)[104]利用快速最小二乘方法对二维视电阻率断面进行反演;王丰等(1999 年)[105]选择全局反演方法中的模拟退火和单纯形的组合算法,改进了模拟退火和单纯形算法的匹配技术,并将它引入到电阻成像反演问题中。

电阻率勘探方法作为地球物理勘探的主要手段之一,在地球物理勘探领域得到了大量应用。而随着阵列勘探思想的提出和实施，高密度电阻率方法因其简便灵活、高效准确等优点在国内外已经被广泛采用。

在20世纪70年代末期，人们首次开始考虑实施阵列勘探，随后英国学者Johansson博士设计的电测深偏置系统成为高密度电法勘探的雏形，在此基础上，日本地质计测株式会社借助电极转换板实现了野外高密度电阻率法的数据采集，使高密度电法实现了全面自动化，但是这套装置整体设计还不完善，从而不能充分发挥高密度电法勘探的优越性。到20世纪80年代中后期，我国相关部门也开展了高密度电阻率勘探方法的研究，其中，原地质矿产部系统率先从理论与实际结合的角度，利用高密度电法勘探原理研制了相关的仪器设备，但是仍然有一定的缺陷性。到20世纪90年代初期，长春科技大学成功研制了由高密度工程电测仪和程控多路电极转换器组成的数据自动采集系统，从而使高密度电阻率勘探技术在国内达到了实用化程度。目前，国内的高密度电法测试系统门类齐全，总体达到国际先进水平[106]。

总而言之，电阻率测试方法不仅可应用于地下储层的油气勘探，在岩土工程勘察、环境地质工程、工程质量检测等各个领域都能得到较好应用。国内也已经开始将高密度电阻率勘探技术广泛应用到这些领域中，如张献民等（1994年）[107]应用高密度电法数据对煤田陷落柱进行了解释；郭铁柱（2001年）[108]对水库坝基进行高密度电阻率勘探，对其渗漏问题进行了评价；吴长盛（2001年）[109]将高密度电法勘探应用于天津市大港区北大港水库堤坝裂缝的检测中；王文州（2001年）[110]将高密度电法勘探应用于高速公路高架桥岩溶地区地质勘探中；王鹏（2009年）[111]系统研究了二维电阻率层析成像技术在土石坝渗漏诊断中的应用；余东（2010年）[112]采用物理模型试验，对土石坝渗漏的电阻率成像效果进行研究；赵明阶（2010年）[113]首次开展了填方路基压实质量的电阻率成像诊断试验研究，证实了将电阻率法应用于路基压实质量诊断中的可行性。

1.5　多相土石复合介质电阻率特性的研究思路

通过上述国内外关于岩土体介质电阻率特性理论及应用的研究现状，可以发现，岩土体介质的电阻率特性是与其物理特征参数息息相关的，通过岩土体的电阻率测试来反演其内部结构，具有准确、无损、高效、经济、方便等优点。应用电阻率测试技术的基础是岩土体介质的电阻率特性及理论模型，尽管对于单纯的岩石或者土体介质，其电阻率理论已经较为成熟，但是对于水利工程中常用的土石复合介质的电阻率理论目前研究较少，在国内外还基本处于空白阶段，特别是多相土石复合介质物理特征参数，如孔隙比、土石比、综合含水率、压实度、干密度、石料粒径等对土石复合介质的电阻率特性都具有重要的影响。因此，多相土石复合介质的电阻率理论有待系统深入的研究。但不容置疑，单纯土体和岩石电阻率结构特性理论的研究，已经为多相土石复合介质电阻率特性的研究奠定了坚实的理论基础。因此，本书在纯岩土体介质电阻率特性及结构模型的基础上，开展多相土石复合介质电阻率特性理论及应用研究。主要研究思路与技术方案如下：

（1）岩土体介质的导电性能及电阻率结构模型研究。对单纯的岩石介质和土体介质的导电性能和电阻率理论进行总结，对典型的岩土体介质的电阻率特性进行分析，研究影响岩土体介质电阻率特性的主要因素，为多相土石复合介质电阻率理论的研究奠定基础。

(2)土石复合介质的界定及物理力学特性的研究。在对国内外土体分类体系研究的基础上，根据工程中常用的土石混合料，对土石复合介质的概念和内容进行界定；对不同级配类型的土石混合料进行击实试验和土石填方地基模型试验研究，分析土石复合介质工程特性，研究石料粒径、含石量、压实干密度、综合含水率等因素对其物理力学特性的影响。

(3)多相土石复合介质电阻率特性的试验研究。制作大批量的具有不同含水率、孔隙率、饱和度、土石比的土石复合介质试样，分别测定其在不同物理状态下的电阻率特性和物理特征参数指标，分析多相土石复合介质综合含水率、孔隙率、饱和度、土石比等物理特征参数对电阻率特性的影响规律，为分析土石复合介质物理特征参数与电阻率特性的理论关系奠定基础。

(4)多相土石复合介质电阻率特性理论模型研究。在试验获得的规律基础上，基于现有的非饱和纯土介质和岩石介质的电阻率模型，构建土石复合介质宏观等效导电结构模型，推导多相土石复合介质的电阻率和结构性参数之间的理论模型，以得到多相土石复合介质电阻率与综合含水率、孔隙率、土石比、干密度等结构性参数的理论关系，初步构建多相土石复合介质电阻率特性的理论体系。在此基础上，提出利用多相土石复合介质电阻率理论模型反演土石复合介质特征参数的方法。

(5) 多相土石复合介质电阻率理论的应用研究。针对水利工程中土石填方的特点，设计不同类型的土石填方模型，分别利用电阻率测试技术进行渗漏诊断和压实质量评价。第一，设计不同渗漏类型的土石坝渗漏模型，通过电阻率测试方法对土石坝中的裂缝及渗漏通道进行探测，把不同的电阻率成像结果与模型实际的渗漏裂缝进行对比，通过电阻率成像反演与渗漏相关的物理参数，从而对土石坝的渗漏情况进行诊断；第二，设计不同缺陷的土石填方地基模型，通过电阻率成像反演土石地基压实质量相关的物理参数，从而实现对土石填方地基的压实质量的评价。

第2章　岩土介质的导电性能及电阻率结构模型

电阻率(Resistivity)是表征各种物质导电性能(电阻特性)的物理量,是物质的固有属性之一。当电流垂直通过边长为1m的某种物质立方体时所呈现的电阻的大小,称为该物质的电阻率,单位用Ω·m表示;电阻率的倒数称为电导率,单位是s/m。

目前,电阻率层析成像(Resistivity tomography)广泛应用于工程地质调查、水工建筑物隐患探测、水文地质探测和环境监测等学科和领域中,而电阻率层析成像的基础就是地下被探测目标体与岩土介质的电阻率差异性。自1942年,Archie关于饱和无黏性土和纯净砂岩的电阻率定律提出以来,利用电阻率理论研究岩土介质的微观结构特征已经成为岩土工程中的重要手段之一。本章通过岩土介质的导电性能和电阻率结构模型进行总结,在此基础上,提出多相土石复合介质电阻率的影响因素和研究方法。

2.1　岩土介质的导电性能

2.1.1　岩石的导电性能

在地壳中,岩石是由固体矿物和矿物之间的孔隙以及孔隙中所含液体所组成的多孔介质。因此,岩石的导电性能与组成岩石的矿物和孔隙液体的导电性能相关。地质体中构成岩石骨架的绝大多数造岩矿物的导电性能都较差,如石英、云母长石等硅酸盐矿物的电阻率都很大,一般大于10^6Ω·m。因此,可基本认为这些矿物是不导电的,电流一般也是不能通过岩石骨架传导的。而黏土矿物、金属矿物和碳质的导电性良好,对岩石电阻率的影响相对明显。总之,岩石的导电主要是通过颗粒之间相互连通的孔隙、裂隙或断层破碎带内的液体以及颗粒边界传导。影响岩石电阻率性质的主要因素是孔隙、裂隙的发育程度和其内部孔隙液体的性质。因此,在天然状态下,不同岩石电阻率的变化范围是不同的。总体而言,根据岩石导电特性的不同,可把岩石分为离子导电型的岩石和电子导电型的岩石两类[114]:离子导电是指岩石孔隙液体包含导电性离子或者孔隙水具有极化效应,这种类型的岩石的电阻率主要取决于岩石中孔隙液体所含矿物的类型和性质,通常情况下含水的孔隙性沉积岩是主要的离子型导电的岩石,特别是碎屑岩、裂隙发育的岩浆岩及变质岩;与上述情况相对的也就是电子导电型的岩石,也就是岩石孔隙液体中没有导电性离子或者孔隙水不具有极化效应，这种岩石的导电性主要是由其组成矿物的性质和含量决定的，一般主要是不含水的致密性岩石。常见岩石的电阻率分布如图2.1所示。

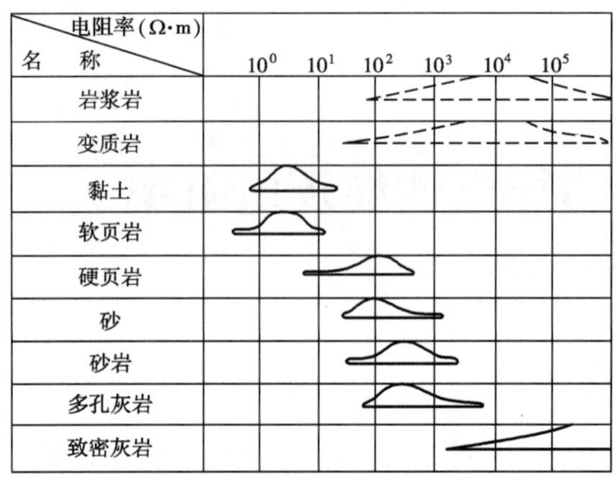

图2.1 常见岩石的电阻率变化范围[114]

由图2.1可以看出：

(1)对于岩性不同的岩石，其电阻率分布范围显然是不同的。如结晶岩石当中，岩浆岩和变质岩的电阻率主要取决于骨架孔隙中的液体，这是因为它们内部结构相对致密，而且它们的组成成分几乎是完全绝缘的矿物，一般岩浆岩和变质岩的电阻率在$10^2 \sim 10^6\Omega \cdot m$之间。对于离子导电型的沉积岩，大多数具有中等孔隙度，影响其电阻率的因素主要是地下水的动态、地下水中所含矿物的化学成分和矿化度等与地下水相关的方面。大多数的沉积岩由于具有明显的成层性，因此，沉积岩的电阻率具有明显的各向异性特征。在沉积岩当中，白云岩和致密结晶灰岩相对结构致密，电阻率较大，一般可达$10^6\Omega \cdot m$以上，而砂岩的电阻率一般在$10 \sim 100\Omega \cdot m$之间。

(2)对于相同类型的岩石，由于所在地区的不同，所受到的地质构造作用、物理化学作用是不同的，因此，它们具有不同的孔隙大小；又由于不同地区的地下水发育情况是不同的，因此，孔隙液体的化学成分和矿化程度也是不同的，所以它们的电阻率大小也是存在着较大的差别。

2.1.2 土的导电性能

土和岩石相比，一方面土来自岩石，常常保留岩石的矿物成分，其成分和性质和岩石有着密不可分的联系；另一方面，由于土的松散性特点，使得两者的物理力学性质迥然不同。土的电阻率是土体基本物理性质与外界环境因素共同作用的结果，影响土导电性能的主要因素包括：土颗粒的矿物成分、土颗粒的形状和大小、孔隙结构的分布情况、孔隙液体的成分、饱和度以及环境的温度等。

1)土颗粒的影响

土体是由分散的颗粒组成的，土颗粒的大小、矿物成分等都和土体的电阻率大小息息相关。土的导电性能主要包含土颗粒表面的导电性和孔隙液体的导电性两部分。一般来说，相对于粗颗粒，黏土颗粒细小，并且呈片状，比表面积较大。而且，带有负电的黏土片状颗粒会和周围的水分子、阳离子等组成双电层，双电层中的阳离子和阴离子在电场的作用下发生交换从而产生了电场。因此，黏土颗粒的导电性要比粗颗粒好，电阻率较小。砂土中的主要矿物成分是石英颗粒，而石英颗粒几乎是绝缘的，因此砂土的电阻率一般较大，净砂的导电性一般是由其孔隙水的导电性决定的。不同类型的土体和水的导电性，如图2.2所示。

2)含水率

孔隙水的导电性能决定了土体导电性能的好坏，孔隙水的导电性主要是通过溶解的离子来实现的，因此，孔隙水的含盐量越高，土体的导电性能越好，电阻率越低。对于纯净的砂土,其固体颗粒和孔隙内部的气体几乎不导电,电流主要通过孔隙水来传播,因此,含水率的大小直接影响土体电阻率的大小。

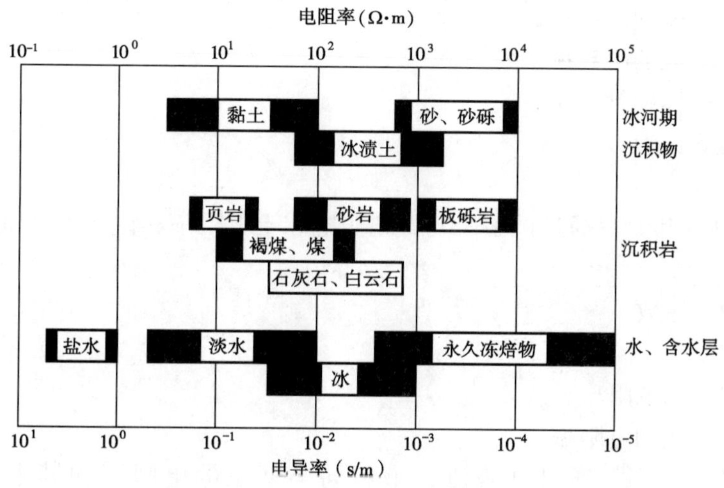

图 2.2 不同类型的土体和水的导电性(据 Palacky[115],1987 年)

Fukue(1999 年)[116],McCarter(1984 年)[117]等通过室内土体电阻率的测试试验,研究了土体体积含水率和电阻率的关系,如图 2.3 所示。当土体的体积含水率较小时,结果表明土的电阻率随着体积含水率的增加而显著减小,当体积含水率达到一定程度之后,土体的电阻率基本趋于稳定,而不再随含水率的增大而减小。

Fukue(1999 年)[116]还通过试验数据分析表明,利用土体的电阻率与含水率的关系曲线可以判别土的临界含水率,这里的临界含水率指的是土体孔隙中,保持孔隙水连通的最小含水率。如图 2.4 所示,当土体中的含水率小于临界含水率时,土体中的孔隙水是不完全连通的,而只有在含水率超过临界含水率之后,土体中的孔隙水才是完全连通的。

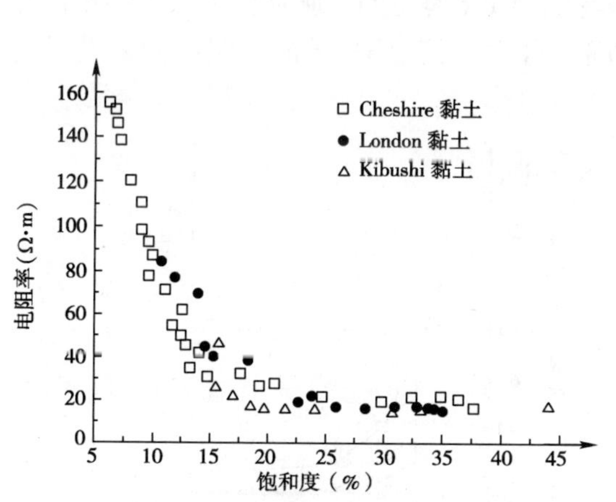

图 2.3 不同类型土的电阻率和体积含水率的关系
(据 Fukue[116],1999 年;McCarter[117],1984 年)

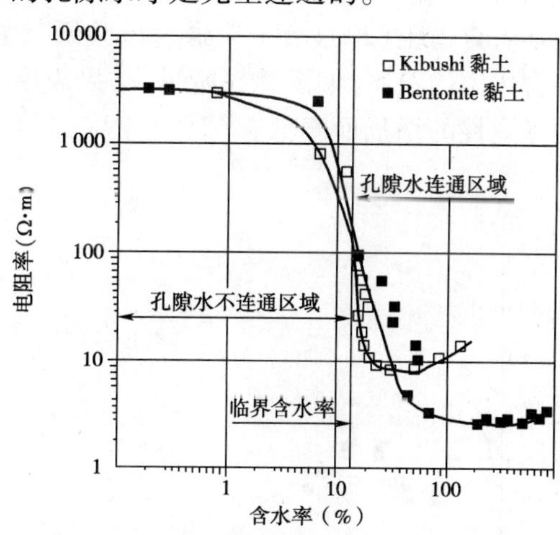

图 2.4 不同类型土的电阻率和含水率的关系
(据 Fukue[116],1999 年)

Rhoades (1976 年)[118]通过室内试验给出了土体的电导率和孔隙液体的电导率以及固体颗粒表面电导率之间的关系:

$$\sigma = \alpha\sigma_w\theta^2 + b\sigma_w\theta + \sigma_s \quad (2.1)$$

式中：σ——土体的电导率；

σ_w——孔隙液体的电导率；

σ_s——固体颗粒的电导率；

θ——土体的体积含水率；

a、b——试验测试参数。

3）饱和度

Keller 等（1966 年）[35]通过试验研究得到非饱和土电阻率和饱和土电阻率的关系式为：

$$\rho = \rho_{sat}S_r^{-p} \quad (2.2)$$

式中：p——饱和度指数；

S_r——饱和度；

ρ_{sat}——饱和土的电阻率；

ρ——非饱和土的电阻率。

McNeill（1990 年）[119]通过试验研究了不同类型土的电阻率和其饱和度的关系，如图 2.5 所示，随着土体饱和度的增加，土的导电性增强，电阻率降低。同样将保持土体中颗粒周围有连续存在的水膜时的饱和度，称为临界饱和度，当土的饱和度处于其临界饱和度之下时，随着饱和度的增加，土体的电阻率的增大速率较快。

4）孔隙液体的成分

由于土体所含孔隙水的导电性能是由孔隙水中阳离子含量的高低决定的，因此，孔隙水中阳离子的含量在很大程度上决定了整个土体电阻率的大小。一般情况下，孔隙水中金属阳离子含量的增多会导致土体电阻率的减小；而相反绝缘性污染物浓度的上升会导致土体电阻率的增大。Shea 和 Luthin（1961 年）[120]研究了孔隙水中含盐量的大小对土体电阻率的影响，指出在相同的含水条件下，土的电阻率与孔隙水的含盐量的大小呈线性相关关系；国内学者查甫生（2007 年）[69]通过试验研究了不同浓度 NaCl 溶液的合肥地区膨胀土的电阻率和含水率的关系，如图 2.6 所示，结果表明在相同的含水率情况下，土的电阻率随着孔隙液的导电性的增加而降低。

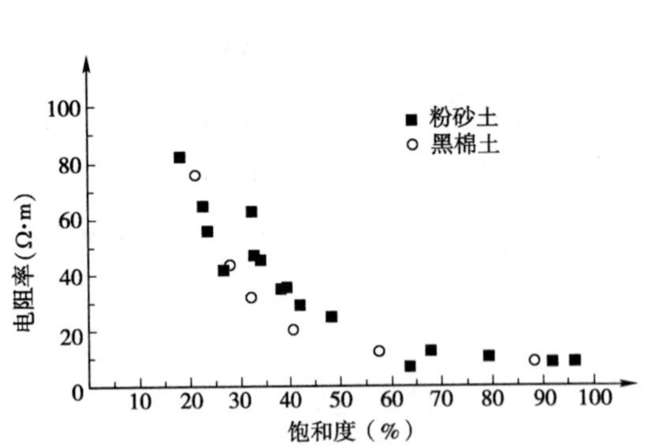

图 2.5 不同类型土的电阻率和饱和度的关系（据 McNeill[119]，1990 年）

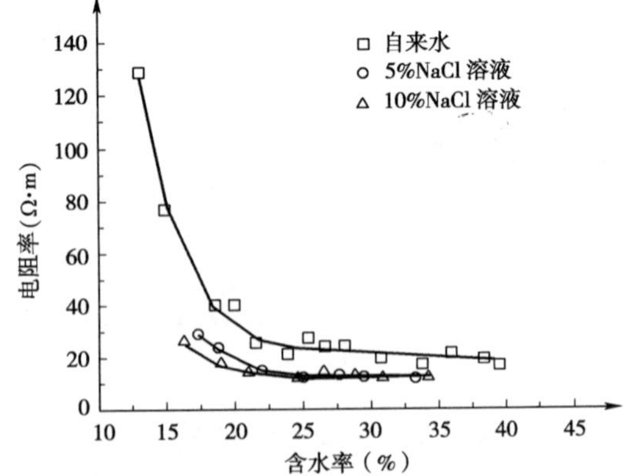

图 2.6 不同浓度 NaCl 溶液的合肥地区膨胀土的电阻率和含水率的关系（据查甫生[69]，2007 年）

5)土体结构特征

相同类型的土的电阻率大小还受到土体结构特征的影响,土体骨架和土颗粒的排列情况都影响着土体电阻率的大小。这是因为不同的土体骨架和土颗粒的排列方式会影响孔隙水的连通性,而孔隙水的连通性越好,其导电性能越强,土体电阻率也越小。Fukue(1999年)[116]通过室内试验研究了土的电阻率与其孔隙率的关系,结果表明,土的电阻率随着孔隙率的增加而降低。

6)环境温度

温度升高会导致孔隙液离子活动性增强,从而使土体的导电性增强,电阻率降低,Keller(1966年)[35]研究表明,土的电阻率与18℃时的电阻率具有如下关系:

$$\rho_T = \frac{\rho_{18}}{1 + \alpha(T - 18)} \tag{2.3}$$

式中:α——试验常数,一般可取0.025℃$^{-1}$;

T——测试温度;

ρ_{18}——土在18℃时的电阻率;

ρ_T——土在温度为T时的电阻率大小。

2.2 岩土介质的电阻率结构模型

2.2.1 岩石的电阻率结构模型

1942年,Archie利用双对数坐标对饱和砂岩岩样的电阻率测井数据进行了研究,分别得到了地层结构因子和孔隙度之间、电阻率增大系数和饱和度之间的相关关系。Archie(1942年)关于砂岩电阻率定律的主要内容包括[1]:

(1)对于纯净的、无泥质的饱和砂岩,其电阻率与孔隙水的电阻率成正比,并将该比例系数定义为地层结构因子F(Formation factor)。

(2)对于含水饱和度小于1的纯净砂岩,其电阻率与同种饱和砂岩的电阻率成正比,这个比例系数在后来被其他学者称为电阻率指数I(Resistivity Index)。

(3)地层结构因子F是孔隙度ϕ的函数:

$$F = \phi^{-m} \tag{2.4}$$

式中:m——胶结指数。

(4)电阻率指数I是饱和度S_w的函数:

$$I = S_w^{-n} \tag{2.5}$$

式中:n——饱和度指数。

地层结构因子F和电阻率指数I的表达式中,参数m和n分别为双对数坐标下的F-ϕ关系直线和I-S_w关系直线的斜率。Archie根据实验研究结果,认为胶结指数m的值应该在1.3~2之间变化,含水饱和度S_w在15%~20%之间时,饱和度指数n接近于2。

Patnode和Wyllie(1950年)[4]率先发现了Archie公式在泥质砂岩中应用的偏差,发现通过Archie模型得到的泥质砂岩的地层结构因子要比实验测得的数据偏大,从而提出了关于泥质砂岩的电阻率模型需要考虑泥质颗粒的附加导电性，并针对 Archie 公式的局限性给出了泥质砂岩电导率计算的经验公式：

$$C_0 = \frac{C_w}{F} + C_{sh} \tag{2.6}$$

$$C_t = \frac{C_w}{F}S_w^2 + C_{sh} \tag{2.7}$$

式中：C_0——饱和岩石的总电导率；

C_w——孔隙水的电导率；

C_{sh}——泥岩的电导率；

C_t——部分含水岩石的电导率；

F——地层结构因子；

S_w——含水饱和度。

Winsauer(1953 年)[5]通过假设泥质颗粒悬浮在地层水中，将泥质作为一种导体参与电流传导，岩石的电导是泥质的电导与砂岩电导相并联而成，建立了二元导电模型，模型表达式如下：

$$C_0 = \frac{1}{F}\left(\frac{\phi C_w + V_{sh}C_{sh}}{\phi + V_{sh}}\right) \tag{2.8}$$

式中：V_{sh}——与泥质含量相关的参数。

Wyllie 和 Southwick(1954 年)[6]进一步研究给出了泥质电阻、电解液构成的电阻及泥质与电解液串联构成的电阻三种导电途径的三元并联导电模型：

$$C_0 = \frac{1}{F}C_w + \frac{C_{sh}}{a} + \frac{C_{sh}C_w}{bC_{sh} + cC_w} \tag{2.9}$$

式中：a、b、c——相应各项的几何因子。

这一模型能够解释 C_0-C_w 的弯曲现象，但是由于无法精确地确定结构因子，因此也限制了该模型的实际应用。

Poupon(1954 年)[7]认为，岩石中泥质颗粒、砂岩等成分是分层导电的，基于此研究了层状泥质砂导电模型，该模型的表达形式如下：

$$C_0 = \frac{(1 - V_{sh})C_w}{F} + V_{sh}C_{sh} \tag{2.10}$$

$$C_t = \frac{(1 - V_{sh})C_w}{F}S_w^2 + V_{sh}C_{sh} \tag{2.11}$$

A. J. de Witte(1957 年)[8]将泥质附加导电项与地层因素之积定义为储层的泥质含量，而且认为泥质含量的导电性和地层水的导电性无关，并据此提出了一个泥质附加导电性的补偿变量 AF，从而建立泥质砂岩电导率模型为：

$$C_t = \frac{1}{F}(C_w + AF) \tag{2.12}$$

$$C_t = \frac{C_w}{F}S_w^2 + AS_w \tag{2.13}$$

Hossin(1960 年)[9]用泥质含量参数取代孔隙度，将地层水电导率变成泥质电导率，把饱和纯岩石模拟成饱和的泥质岩石，从而将含水纯岩石的电导率等效为泥质附加电导率。因此，整个岩石的电导是地层水部分的电导与泥质的电导相加而成，即：

$$C_0 = \frac{C_w}{F} + V_{sh}^2 C_{sh} \tag{2.14}$$

$$C_t = \frac{C_w}{F} S_w^2 + V_{sh}^2 C_{sh} \tag{2.15}$$

Simandoux(1963 年)[10]根据砂和蒙脱石均匀混合物的实验结果，提出了泥质的附加电导应该是 $V_{sh}C_{sh}$ 的形式，从而有：

$$C_0 = \frac{C_w}{F} + V_{sh} C_{sh} \tag{2.16}$$

$$C_t = \frac{C_w}{F} S_w^2 + V_{sh} C_{sh} \tag{2.17}$$

针对饱和岩石的电导率 C_0 与地层水电导率 C_w 关系的非线性特性，Poupon 和 Leveaux (1971 年)[11]根据印度尼西亚的低矿化度砂泥岩储层，研究了 C_0-C_w 曲线的非线性，将泥质砂岩的电流传播分成三个路径，分别是岩层的地下水的电流传播路径、黏土矿物的电流传播路径以及地下水和黏土矿物相互交叉的电流传播路径，在此基础上提出了"印度尼西亚饱和度公式"：

$$\sqrt{C_0} = \sqrt{\frac{C_w}{F}} + V_{sh}^{1-\frac{V_{sh}}{2}} \sqrt{C_{sh}} \tag{2.18}$$

20 世纪 60 年代之后，一些学者研究了黏土矿物表面的双电层，由于带负电的黏土片状颗粒会和周围的水分子、阳离子等组成双电层，双电层中的阳离子和阴离子在电场的作用下发生交换从而附加电流，于是开始利用这种双电层理论解释泥质附加导电性，从这个角度形成了 Q_v 型导电模型。代表性 Q_v 型导电模型有：

Winsauer 和 Mccardell(1953 年)[12]首先通过双电层理论对泥质砂岩的导电性能进行解释，研究提出了岩石孔隙自由电解液导电和黏土矿物附加电导率两种导电途径相并联的泥质岩石电导率模型：

$$C_0 = \frac{1}{F_R}(C_{dl} + C_w) \tag{2.19}$$

式中：C_{dl}——双电层造成的泥质附加电导；

F_R——地层结构因子。

然而对于如何确定 C_{dl} 以及 C_{dl} 的影响因素，当时并没有加以分析。

Hill(1956 年)[13]为了验证这种黏土矿物表面的导电性，对泥质砂岩进行大量的电导率测试实验和电化学分析，在此基础上对 C_0-C_w 曲线的非线性关系进行了研究，其关系式为：

$$C_0 = \frac{C_w}{F}\left(\frac{100}{C_w}\right)^{b\lg(100/C_w)} \tag{2.20}$$

对于含泥质的岩石，Waxman 等人认为泥质岩石中黏土颗粒表面吸附了阳离子，而这些被吸附的阳离子可以和孔隙液体中的阳离子进行交换，因此，固体颗粒的导电性与可交换阳离子的数量有关。在这种思想指导下，Waxman 和 Smits 于 1968 年提出了分散泥质砂岩 Waxman-Smits(W-S)电导率模型[14]：

$$C_0 = \frac{1}{F}(C_w + BQ_v) \tag{2.21}$$

$$C_t = \frac{S_w^2}{F}\left(C_w + \frac{BQ_v}{S_w}\right) \tag{2.22}$$

式中：Q_v——单位岩石孔隙中阳离子交换容量；

B——双电层中与固体颗粒表面电性相反电荷的电导率。

由于 W-S 模型既有试验依据，又有理论基础，因此一经提出便得到了广泛的应用。

Clavier 等(1977 年、1984 年)[15-16]通过对不同的岩石孔隙水进行区分，认为孔隙中的自由水和黏土束缚水具有不同的导电性能，在这两种孔隙水并联导电的基础上提出了适用于泥质砂岩的双水导电模型：

$$C_0 = \frac{1}{F_0}[(1 - \alpha V_q Q_v)C_w + \beta Q_v] \tag{2.23}$$

$$C_t = \frac{S_w^2}{F_0}\left[(1 - \alpha V_q Q_v)C_w + \frac{\beta Q_v}{S_w}\right] \tag{2.24}$$

式中：V_q——平衡离子的浓度。

相对于 W-S 模型，双水模型一方面考虑了孔隙水的不同形态，另一方面其理论基础更为完善，因此应用更为广泛。

2.2.2 土的电阻率结构模型

1942 年，Archie[1]率先通过试验研究了饱和无黏性土的电阻率理论，提出了适用于饱和无黏性土的电阻率结构模型，建立了饱和无黏性土的电阻率 ρ 和土的孔隙率之间的关系：

$$\rho = a\rho_w n^{-m} \tag{2.25}$$

式中：ρ——土的电阻率；

a——土性参数；

ρ_w——孔隙水的电阻率；

n——孔隙率；

m——胶结系数。

同时，Archie 还提出了结构因子 F 的概念，F 定义为介质总电阻率与孔隙水电阻率之比，是个无量纲参数。因此，Archie 公式又可以写成：

$$F = \frac{\rho}{\rho_w} = an^{-m} \tag{2.26}$$

Archie 公式主要适用于饱和的无黏性土、纯净的砂岩介质。结构因子 F 可反映土的结构和孔隙情况，与土的颗粒大小和形状、孔隙率、饱和度、胶结指数等有关。

由于 Archie 公式是针对饱和土的，它不适用于非饱和土的电阻率结构。Keller 与 Frischknecht(1966 年)[35]在 Archie 模型的基础上进一步研究了饱和度对电阻率的影响，提出了适用于非饱和土的电阻率模型：

$$\rho = a\rho_w n^{-m} S_r^{-p} \tag{2.27}$$

式中：S_r——饱和度；

p——饱和度指数。

上述两种土的电阻率结构模型都是只考虑了土体内部孔隙水的导电性，而忽略了土颗粒本身的导电性。实际中，对于土颗粒表面导电性良好的土体(黏性土)，Archie 模型是不适用的。因此，Waxman 与 Smits(1968 年)[36]通过试验研究，提出黏性土颗粒通过表面双电层的阳离子交换进行导电，将土体的电流传播假定为是同时通过土颗粒和孔隙水两条路径进行的，如图 2.7 所示，在此基础上得到了适用于非饱和黏性土的电阻率模型：

$$\rho = \frac{a\rho_w n^{-m} S_r^{1-p}}{S_r + \rho_w BQ} \tag{2.28}$$

式中：B——双电层中与土颗粒表面电性相反电荷的电导率，与孔隙水的电阻率密切相关，可表示为：

$$B = 3.83[1 - 0.83e^{(-0.5/\rho_w)}] \tag{2.29}$$

Q——单位土体孔隙中阳离子交换容量；

BQ——土颗粒表面双电层的电导率，单位为 $1/(\Omega \cdot m)$。

在 Waxman 和 Smits 研究的基础上，David Huntley(1987 年)[37]、Worthington(1993 年)[38]研究了黏性颗粒对砂土电阻率的影响，在 Archie 公式中结构因子概念的基础上提出了表观结构因子 F_a 概念，F_a 为土体电阻率与孔隙液电阻率之比。David Huntley(1987 年)[37]研究了基质电阻率的影响，也就是表明传导的影响，提出土体导电性是土颗粒电阻率、孔隙液体电阻率、基质电阻率的综合影响的结果。在此基础上，Worthington(1993 年)[38]提出土的表观结构因子 F_a 和结构因子 F 的相关关系为：

$$F_a = F(1 + BQ\rho_w)^{-1} \tag{2.30}$$

当土颗粒表面的导电性对整个土体的导电性影响很小时，土的表观结构因子与 Archie 模型中定义的结构因子是相同的。

Mitchelll(1993 年)[39]认为土的导电模型是三元的，并提出了土的电导率三元结构模型，如图 2.8 所示，并提出了土的电导率三元结构模型：

$$\sigma_T = \frac{a\sigma_w\sigma_s}{(1-e)\sigma_w + e\sigma_s} + b\sigma_s + c\sigma_w \tag{2.31}$$

式中：σ_T——土的电导率(s/m)；

σ_w——孔隙水的电导率(s/m)；

σ_s——土颗粒表面的电导率(s/m)；

a、b、c、e——四个与孔隙率和饱和度相关的土体结构性参数。

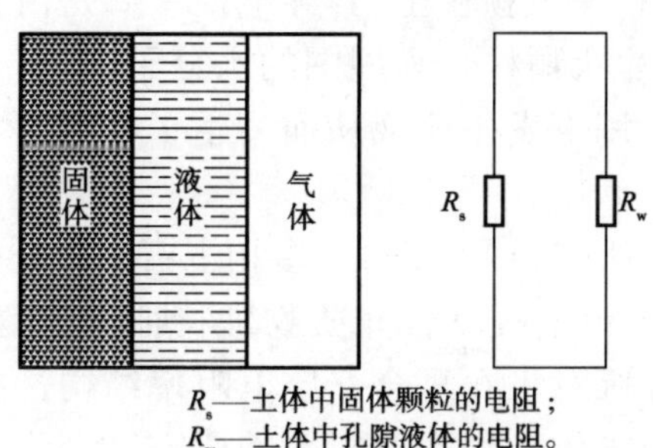

图 2.7 土的二元导电模型

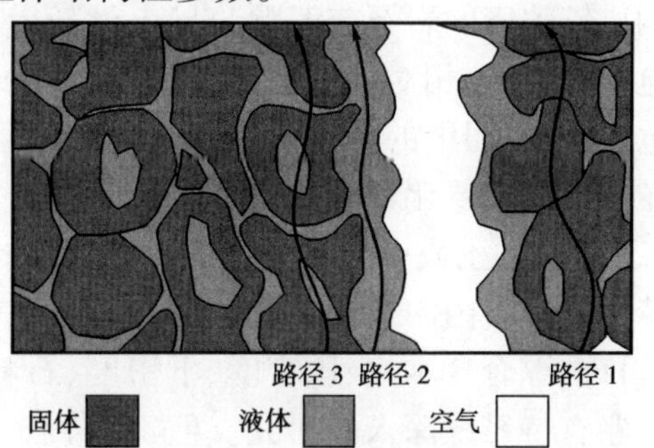

图 2.8 黏性土中电流的流通路径示意图

(据 Rhoades 等[121]，1989 年)

国内学者查甫生、刘松玉等(2007 年)[40-42]在 Mitchelll 土的三元导电模型的基础上,假定土体为边长为 1 的立方体(即 $L=1$),并将非饱和土中土—水串联组成的路径的宽度占整个土体边长的比值 F',称为土的导电结构系数,电流沿竖直方向传播,如图 2.9 所示。

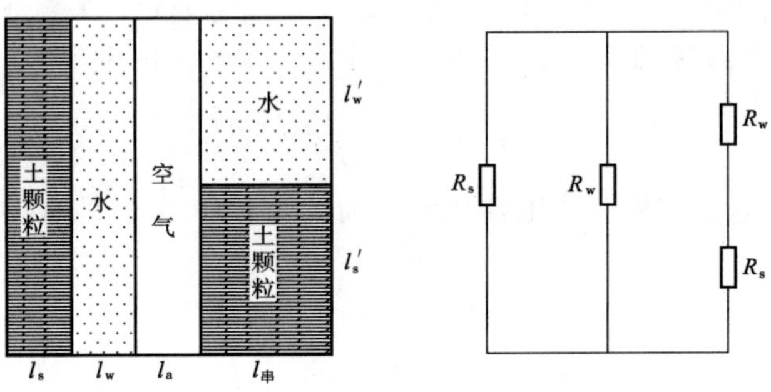

图 2.9　土的三元导电模型示意图

据此推导出非饱和黏性土的电阻率结构模型为:

$$\rho=\left(\frac{nS_r-F'\left(\frac{\theta'}{1+\theta'}\right)}{\theta}BQ+\frac{nS_r-F'\left(\frac{\theta'}{1+\theta'}\right)}{\rho_w}+\frac{F'(1+\theta')BQ}{1+BQ\rho_w\theta'}\right) \tag{2.32}$$

式中:n——土的孔隙率;

θ——土—水串联部分的水和土的体积比,$\theta=\frac{l_w}{l_s}$;

θ'——土—水并联部分的水和土的体积比,$\theta'=\frac{l'_w}{l'_s}$。

2.3　本章小结

岩土介质的导电性能和电阻率理论是电阻率测试方法在岩土工程中应用的基础,本章通过对岩土介质导电性能的分析,总结了国内外关于岩土介质的电阻率典型理论模型,结果表明:

(1)岩土介质的导电性主要包括岩土颗粒的导电性和孔隙水的导电性两部分,而对于内部结构比较致密的岩石或者颗粒导电性较差的净砂等粗颗粒土,其导电性主要是由孔隙水的导电性决定的;相对于粗颗粒,带有负电的黏土片状颗粒会和周围的水分子、阳离子等组成双电层,双电层中的阳离子和阴离子在电场的作用下发生交换从而产生了电场,因此,黏土颗粒的导电性要比粗颗粒要好很多。

(2)单纯的土或者岩石介质的电阻率结构模型研究较多,而对于多相土石复合介质的电阻率特性研究在国内外还处于空白阶段,特别是多相土石复合介质物理特征参数,如孔隙比、土石比、综合含水率、压实度、干密度、石料粒径等对土石复合介质电阻率结构性参数的影响问题有待系统深入的研究。但不容置疑,单纯土体和岩石电阻率的研究已经为多相土石复合介质电阻率特性的研究奠定了坚实的理论基础。

第3章　土石复合介质的界定及物理力学特性研究

在水利工程建设中，涉及大量的土石填方，如陆域填方、土石堤坝、码头堆场等，但是作为填料的土石复合介质，它是一种固体成分包含岩石颗粒和土颗粒的复杂多孔介质，由于其颗粒组成复杂，粒径分布范围较广，级配变化较大，不同的土石混合料的工程特性变化较大，其物理力学特性受到粒径的组成、颗粒的特性、压实程度、含水率等多种因素的影响。目前，对于土石复合介质还没明确的定义和分类，而对岩土体物理力学特性研究的基础就是其分类体系，因为不同类型的土石复合介质，其内部微观结构具有差异性，因此本章首先对土石复合介质进行界定，然后从连续级配和间断级配两个方面进行试验研究，分析颗粒组成、粒径大小、含石量、压实程度、含水率等因素对其物理力学特性的影响。

3.1　土的分类体系

3.1.1　国内关于土的分类

国内在土的分类方面，每个行业都有相关的土的分类标准，总体上来说，我国土的分类体系大致有三大类：

第一类是以建设部颁布的《土的工程分类标准》（GB/T 50145—2007）（以下简称《国标》）[122]为代表的，以及电力行业颁布的《水利电力土工试验规程》（DL/T 5355—2006）（以下简称《水利标准》）[123]，原交通部颁布的《公路土工试验规程》（JTG E40—2007）（以下简称《公路标准》）[124]都对土的分类进行了阐述，总体上这些规范将土按照粒径的大小分成巨粒、粗粒和细粒三大类，其粒组划分如表3.1所示，并且对其中的粗粒土按照粒度成分分类，其中巨粒类土、砾类土、砂类土的分类分别如表3.2、表3.3和表3.4所示，对细粒土按照塑性图分类，细粒类土如表3.5所示，塑性图如图3.1所示。

第二类是以目前我国工程建设中应用最广泛的《岩土工程勘察规范》（GB 50021—2009）（以下简称《勘察规范》）[125]为代表的，以及以《建筑地基基础设计规范》（GB 50007—2002）（以下简称《建筑规范》）[126]、《水运工程岩土勘察规范》（JTS 133—2013）（以下简称《港口规范》）[127]、《公路桥涵与地基基础设计规范》（JTG D63—2007）（以下简称《桥涵规范》）[128]等标准为依据的分类方法，它们分类的共同点是粗粒土按粒度成分分类，其中，砾石土和砂土分类分别如表 3.6 和表 3.7 所示；细粒土是按塑性指数分类。

土的粒组划分及命名[122-124] 表 3.1

粒组划分与名称			粒径 d 的范围(mm)		
			《国标》	《水利标准》	《公路标准》
巨粒	漂石(块石)		$d>200$	相同	将碎石变为小块石
	卵石(碎石)		$200\geq d>60$		
粗粒	砾(圆砾、角砾)	粗砾	$60\geq d>20$		相同
		中砾	$20\geq d>5$		
		细砾	$5\geq d>2$		
	砂	粗砂	$2\geq d>0.5$		
		中砂	$0.5\geq d>0.25$		
		细砂	$0.25\geq d>0.075$		
细粒	粉粒		$0.075\geq d>0.005$		粉粒和黏粒的界限为 0.002mm
	黏粒		$0.005\geq d$		

巨粒类土的分类及命名[122] 表 3.2

土　类	粒组含量		土名称	土代号
巨粒土	巨粒含量 >75%	漂石(块石)>卵石(碎石)	漂石(块石)	$B(B_s)$
		漂石(块石)≤卵石(碎石)	卵石(碎石)	$Cb(Cb_s)$
混合巨粒土	巨粒含量 >50% ≤75%	漂石(块石)>卵石(碎石)	混合土漂石(块石)	$B(B_s)Sl$
		漂石(块石)≤卵石(碎石)	混合土卵石(碎石)	$Cb(Cb_s)Sl$
巨粒混合土	巨粒含量 >15% ≤50%	漂石(块石)>卵石(碎石)	漂石(块石)混合土	$SlB(B_s)$
		漂石(块石)≤卵石(碎石)	卵石(碎石)混合土	$SlCb(Cb_s)$

砾类土的分类及命名[122] 表 3.3

土　类	细粒组含量及名称		级配特征	土名称	土代号
砾	≤5%		$C_u>5, C_c=1\sim3$	级配良好砾	GW
				级配不良砾	GP
含细粒土砾	>5%，≤15%		不同时满足上述要求	含细粒土砾	GF
细粒土质砾	>15% <50%	黏土		黏土质砾	GC
		粉土		粉土质砾	GM

砂类土的分类及命名[122] 表 3.4

土 类	细粒组含量及名称		级 配 特 征	土 名 称	土 代 号
砂	≤5%		$C_u>5, C_c=1\sim3$	级配良好砂	SW
				级配不良砂	SP
含细粒土砂	>5%，≤15%		不同时满足上述要求	含细粒土砂	SF
细粒土质砂	>15% <50%	黏土		黏土质砂	SC
		粉土		粉土质砂	SM

细粒土的分类及命名[122] 表 3.5

土的塑性指标在塑性图中的位置		土 名 称	土 代 号
塑性指数 I_p	液限 w_L		
$I_p \geq 0.73(w_L-20)$ 和 $I_p \geq 10$	$w_L \geq 50\%$	高液限黏土	CH
	$w_L \geq 50\%$	低液限黏土	CL
$I_p < 0.73(w_L-20)$ 和 $I_p < 10$	$w_L < 50\%$	高液限粉土	MH
	$w_L < 50\%$	低液限粉土	MH

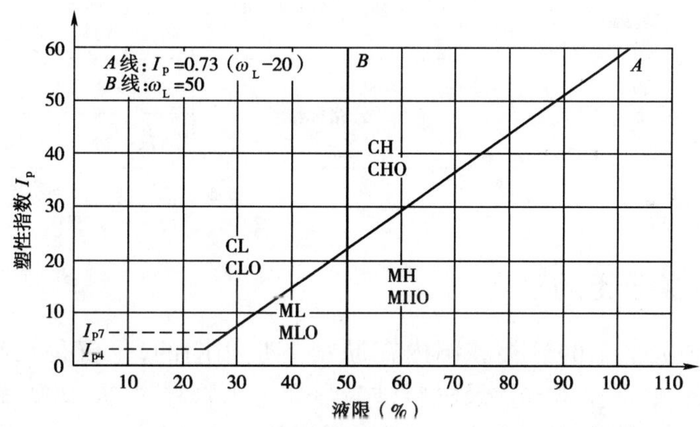

图 3.1 塑性图

砾石土的分类[125] 表 3.6

土 的 名 称	颗 粒 形 状	颗 粒 级 配
漂石	圆形及亚圆形为主	粒径大于 200mm 的颗粒质量超过总质量的 50%
块石	棱角形为主	
卵石	圆形及亚圆形为主	粒径大于 20mm 的颗粒质量超过总质量的 50%
碎石	棱角形为主	
圆砾	圆形及亚圆形为主	粒径大于 2mm 的颗粒质量超过总质量的 50%
角砾	棱角形为主	

砂土的分类[125]　　表3.7

土的名称	颗粒级配
砾砂	粒径大于2mm的颗粒质量占总质量的25%～50%
粗砂	粒径大于0.5mm的颗粒质量占总质量的50%
中砂	粒径大于0.25mm的颗粒质量占总质量的50%
细砂	粒径大于0.075mm的颗粒质量占总质量的85%
粉砂	粒径大于0.075mm的颗粒质量占总质量的50%

第三类是以《铁路工程岩土分类标准》(TB 10077—2001)(以下简称《铁路规范》)[129]为依据的分类方法,它的分类特点是粗粒土的分类和第二类分类方法相似,但细粒土分类同第一类方法一样,用塑性图来进行划分。

总体上,这三大类行业标准关于土的分类体系大致如图3.2所示,其粒组划分如图3.3所示。

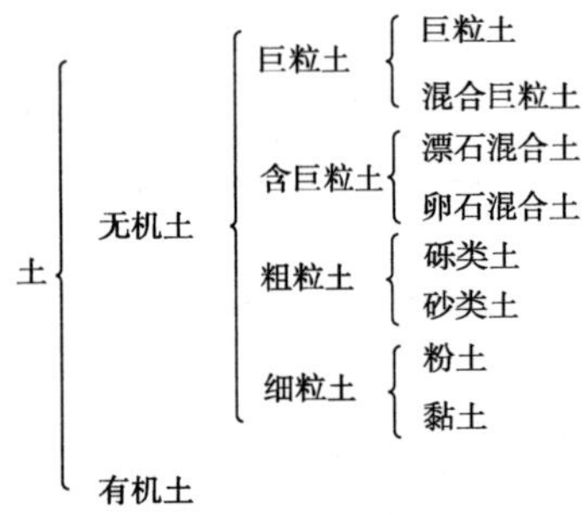

图3.2　土的总体分类体系[130]

规范	黏粒	粉粒	砂粒	砾石	卵石	漂石
《勘察规范》、《建筑规范》、《桥涵规范》、《港口规范》等规范	0.005	0.075	2	20	200	
《国标》、《水利标准》	0.005	0.075	2	60	200	
《公路标准》	0.005	0.075	2	60	200	

图3.3　不同行业规范土的粒组划分对比(单位:mm)

3.1.2　国外关于土的分类

总体上看,国外关于土的分类和国内在原则上是相同的,仅仅是在细节上有所区别。如:美国陆军工程师兵团、垦务局以及材料试验学会将土颗粒过No.200筛(0.075mm)的颗粒含量多于或等于50%的土称为细粒土,反之则为粗粒土,其中,粗粒土的分类如表3.8所示[131];美国公路工作者协会则把粒径在76.2～0.075mm间的颗粒质量含量大于50%的土称为粗粒土,其中,粗粒土的分类如表3.9所示[131];日本土质工学会定义粗粒料为块石、碎石(或卵砾石)、石屑、石粉等粗颗粒组成的无黏性混合料,或黏性土中含有大量粗颗粒的混合土[132]。

美国统一粗粒土分类法(USCS)　　表3.8

类别		符号	分类标准
砾石(粗粒含量≥50%)	洁净砾石(不含或含少量细粒)	GW	良好级配砾石,不含或含少量细粒的砂、砾石混合料
		GP	不良级配砾石,不含或含少量细粒的砂、砾石混合料
	含细粒砾石	GM	粉质砾石,不良级配的砾石、砂、粉土混合料
		GC	粉质砾石,不良级配的砾石、砂、粉土混合料

续上表

类别		符号	分类标准
砂(粗粒含量<50%)	洁净砂(不含或含少量细粒)	SW	良好级配砂,不含或含少量细粒的含砾砂
		SP	不良级配砂,不含或含少量细粒的含砾砂
	含细粒砂	SM	粉土质砂,不良级配的砂、粉土混合料
		SC	粉土质砂,不良级配的砂、黏土混合料

美国公路工作者协会粗粒土分类法(AASHO) 表 3.9

分类编号	小于某粒径颗粒含量(%)			主要材料成分
	<2mm	<0.42mm	<0.075mm	
A_{1-a}	≤50	≤30	≤15	块石、砾石、砂
A_{1-b}		≤50	≤25	块石、砾石、砂
A_2			≤35	粉黏质砂
A_3		≤51	≤30	细砂

3.2 土石复合介质的界定

在岩土工程与地质工程中,广泛存在一种土体与块石的混合物,其物质组成以砾石、块石与砂土、黏土等为主,这种地质材料具有良好的压实性能和承载能力,是一种工程性能良好的地基填筑材料,构成这种填料的主要固体成分粗粒相(巨粒组、粗粒组)和细粒相在物理力学性质上具有显著的差异性。为了突出其物质组成和结构特性,李晓等[133]将其命名为"土石混合体(Rock and Soil Aggregate);《岩土工程勘察规范》(GB 50021—2009)[125]、《工程地质手册》[134]以及其他规范中将其称为碎石土,并将碎石土中粒径小于 0.075mm 的细粒土质量超过总质量的 25%时定名为细粒混合土,将粉土或黏土中的粒径大于 2mm 的粗粒土质量超过总质量的 25%时定名为粗粒混合土;徐文杰[130]指出土石混合体(Soil - Rock Mixture)是指第四纪以来形成的,由具有一定工程尺度、强度较高的块石、细粒土体及孔隙构成且具有一定含石量的极端不均匀(Inhomogeneous)松散岩土介质系统。油新华等[135,136]指出土石混合体是由作为集料的砾石或块石与作为充填料的黏土和砂组成的地质体";Goodman及其学生[136,137]将有工程重要性的块体镶嵌在细粒土体(或胶结的混合物基质)中所构成的岩土介质称为 Bimsoils/Bimrocks(Block - in - matrix soils/rocks)。地质与矿物学辞典将这种"包含不同粒径的本身或外来的碎片及岩块镶嵌在基质泥中所构成的混合岩土体称为melange"[139],中文为"混杂岩"或"混成岩"[140]。

总之,土石复合介质是指一种颗粒组成包含土颗粒、石颗粒的土石混合体,其关键在于土颗粒和石颗粒粒径的界定。

3.2.1 土石颗粒粒径阈值的界定

当土石混合料的颗粒组成极为分散,级配变化较大,且颗粒组成不同时,其性能差别较大。不同的土石混合料,不均匀系数变化较大。根据颗粒级配的不同可分成连续级配和缺乏中间粒径的不连续级配。大量工程中的土石混合料分析统计表明[131]，对于连续级配和不连续级配这两种类型的土石混合料，其颗粒成分中，粒径在 $d=2\sim5\text{mm}$ 之间的颗粒含量一般都较少。我国工程中常用固定粒径 5mm 作为粗细颗粒的分界，也就是将小于 5mm 的颗粒称为细颗粒、而大于 5mm 的颗粒称为粗颗粒，并且将粗颗粒含量用 P_5 表示。

郭庆国（1999 年）[131]在总结国内外土的分类的基础上，结合我国工程上粗粒土应用的现状，给出了按颗粒粒径划分的粒组分布及命名，如表 3.10 所示。

Medley、Linquist 等（1994 年，1995 年）通过对 Franciscan 等地区分布的土石混合体进行研究，定义了相应的土—石阈值：

$$d_{S/RT}=0.05L_c$$

式中：$d_{S/RT}$——土—石阈值；

L_c——土石混合体的工程特征尺度；并且规定，对于平面研究区域，L_c 等于研究面积的平方根；对于隧道等结构物，L_c 等于其直径；对于边坡而言 L_c 等于坡高；对于直剪试验试样，L_c 取试样单个剪切盒高度；对于三轴试验试样，L_c 取试样直径。

据此，根据土—石阈值将土石混合体按照颗粒大小划分成“土”和“石”两大类：

$$\begin{cases} d \geqslant d_{S/RT} & \text{定义为“石”} \\ d < d_{S/RT} & \text{定义为“土”} \end{cases}$$

土的粒组划分　　表 3.10

粒组名称			粒径(mm)
巨粒组(或超径巨粒组)	漂石或块石(B)	大	600～800
		中	400～600
		小	200～400
	卵石或碎石(R)	大	100～200
		中	80～100
		小	60～80
粗粒组	砾石(G)(圆砾或角砾)	粗	40～60
		中	20～40
		细	5～20
	砂(S)	粗	0.5～5
		中	0.25～0.5
		细	0.1～0.25
细粒组	粉粒	粗	0.05～0.1
		中	0.01～0.05
		细	0.005～0.01
	黏粒(C)		<0.005
	胶粒		<0.002

徐文杰[131]通过对土石混合体的粒度构成和细观结构的研究，定义土—石阈值的大小为：

$$d_{S/RT}=(0.05-0.07)L_c$$

徐文杰还考虑了块石粒径对土石混合体宏观强度的影响，对土石混合体内部块石的最大粒径作了限定：

$$d_{max} = 0.75L_c$$

因此，土石混合体中“石”颗粒的粒径范围为：

$$D_R = d_{S/RT} \sim 0.75L_c$$

3.2.2 土石比的界定

根据上述颗粒组成特点，在土石混合料的工程特性研究中，把土石混合料看作粗细两部分。一般认为粗颗粒形成骨架，细料填充孔隙，填充愈好，土体密度愈大，抗剪强度愈高，沉陷变形愈小。颗粒组成是决定颗粒介质工程特性的主要因素，而颗粒组成首先体现在土石比的大小，也就是含石量的大小上。图3.4为不同含石量的土石混合体的内部微观结构图。

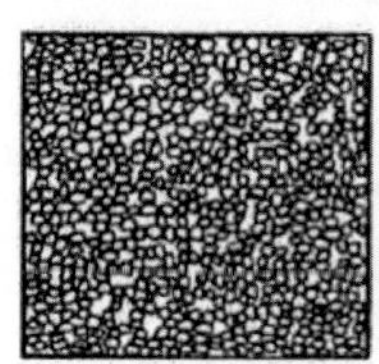
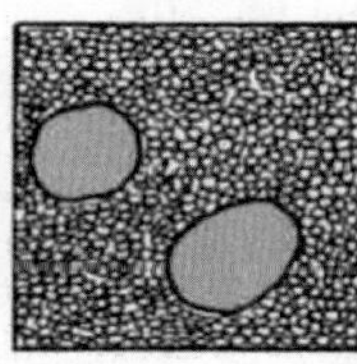
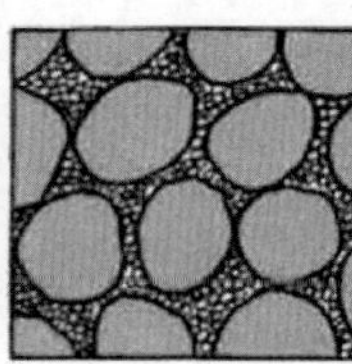
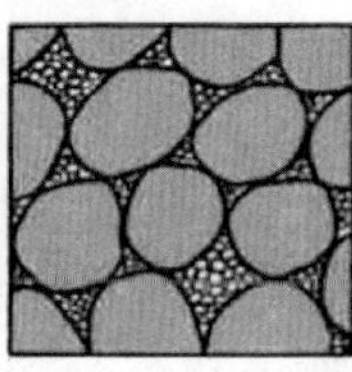
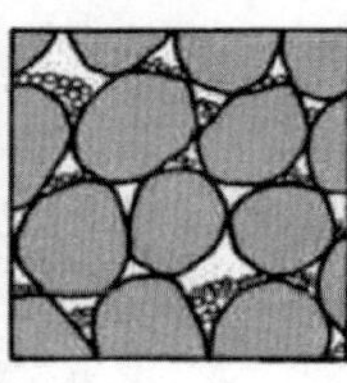
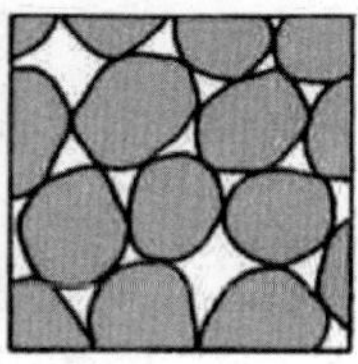

图3.4 不同含石量的土石混合体的内部微观结构

由图3.4可以看出：

(1)当含石量较小时，粗颗粒的块石悬浮于细颗粒的土体当中，块石之间由于距离较大，在土体中几乎是孤立存在的，相互之间难以发挥作用，此时，块石对于土石混合体的宏观变形影响很小，土石混合体的强度基本上是由土体决定的。

(2)随着含石量的增加，块石之间的距离逐渐减小，块石之间发生相互作用，块石逐渐形成骨架，土体作为填充物紧密的填充在块石骨架之间。此时，随着含石量的增加，块石影响着土石混合体的宏观变形，土石混合体的强度逐渐增大，土石混合体的强度是由土体和块石共同决定的。

(3)当含石量增大到一定程度之后，一般75%左右时，块石之间形成了紧密的骨架，土体无法完全填充到骨架中间，此时，土石混合体的强度主要取决于块石之间的摩擦力和相互咬合作用。

徐文杰(2009年)[131]根据土石混合体的上述特性，将土石复合介质进行了下面的分类和命名：

(1)土体：含石量小于25%时。

(2)堆石体：含石量超过75%时。

(3)岩块：块石最大粒径超过$0.75L_c$时。

(4)土石混合体：含石量介于25%～75%之间，且块石的最大粒径不超过$0.75L_c$。

连续级配类型的土石混合料粒径分布范围大，颗粒粒径从大到小，并且按照一定的比例搭配。一般情况下，粗颗粒形成空间骨架，细颗粒紧密的填充在骨架空隙之间。因此，连续级配的土石混合料不仅强度高，而且稳定性强；而对于缺少中间粒径的非连续级配的土石混合料，其土石颗粒之间有着较大的“空挡”，不仅粗颗粒集料的骨架作用减弱，而且施工时容易发生离析，因此，非连续级配的土石混合料的稳定性较差。

实际工程应用当中，土石混合料的颗粒粒径组成不一致，级配变化较大，为了研究粗颗粒（石颗粒）的含量和大小对土石混合料物理力学特性的影响，从级配良好的土石混合料的工程特性出发，采用不同粒径的石料配置土石混合料，进行填方地基模型试验。

3.3 连续级配的土石复合介质的物理力学特性

连续级配类型的土石混合料粒径分布范围大，颗粒粒径从大到小，并且按照一定的比例搭配。一般情况下，粗颗粒形成空间骨架，细颗粒紧密的填充在骨架空隙之间。土石混合料作为一种广泛应用的地基填料，要求具有足够的强度和良好的稳定性。其理想性质应是：

（1）具有良好的刚度适应性，从而保证上部荷载的分布能力。

（2）具有较高的强度特征，以保证填方地基的承载能力和稳定性。

（3）具有较强的透水性能，以保证具有较小的工后沉降。

要获得各种地基填料的物理力学性能指标，对于细颗粒土来说，已经有了各种室内试验和原位测试试验的技术标准和试验规程，然而对于土石混合料来讲，由于颗粒粒径分布范围的广泛，影响因素较多，各种试验研究较少，而且没有相关的技术标准，因此，有必要进一步研究土石混合料的物理力学特性。

3.3.1 荷载—变形特性

张苏明（1991 年）[141]通过现场大面积荷载试验和室内模型槽荷载试验，研究了粗粒土的荷载变形特性，结果表明：

（1）土石复合介质的荷载—变形曲线与土石复合介质的粗颗粒含量和压实程度等因素有关，如图 3.5 所示，曲线 *A* 中，当石料较少时，相当于孤立的悬浮在土颗粒之间，石颗粒之间因距离较远不能相互接触以形成骨架，此时土石混合料的强度是由细颗粒的土决定的，荷载—变形曲线反映的是土石混合料中细颗粒的变形特性；曲线 *B* 中，随着石料比例的增加，粗颗粒之间相互接触，逐渐发挥骨架作用，此时土石混合料的强度是由粗颗粒的石料和细颗粒的土料共同决定的，而且取决于细颗粒的土料在骨架空隙中的填充程度，当骨架颗粒不够紧密时，土石混合料中石颗粒在荷载作用下发生位移和错动，从而使荷载变形曲线出现不规律的跳跃点；曲线 *C* 中，土石混合料中的石料比例进一步增大，粗颗粒形成紧密的序列，其强度特性逐渐由石颗粒决定，荷载—变形曲线呈线性规律。

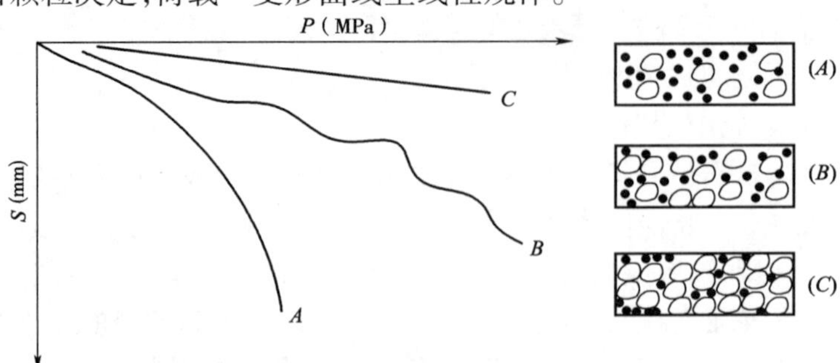

图 3.5 粗颗粒填料的荷载—变形特性（据张苏明[141]，1991 年）

(2)据张苏明(1991 年)[113]的研究,总体上在荷载的作用下土石混合料的沉降稳定比较快,一般在 2 ~ 6h 内即可稳定;

(3)当含石量较小时,对于压实程度较低的土石混合料,当荷载超过比例界限后,沉降变形会随着荷载的增大而急剧增强。

郭庆国等(1998 年)[131]对山岔水库中大坝填料的土石混合料的压缩特性进行研究,结果表明,在相同的荷载条件下,随着土石混合料中粗粒含量的增加,土石地基的沉降量先减小而增大,大约在粗粒含量为 70% 时具有最小沉降量,如图 3.6 所示。

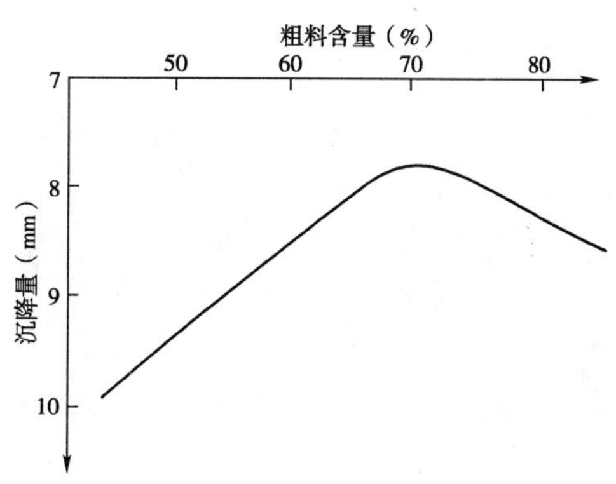

图 3.6　压缩沉降量与粗料含量的关系(据郭庆国,1998 年)

武明等(1994 年)通过对不同土石比的土石混合料的压缩试验[144],研究了粗粒含量对土石混合料压缩变形特性的影响,试验结果如表 3.11 所示。结果表明,随着土石混合料中粗粒含量的增多,压缩模量增大,孔隙比、单位沉降量减小。当土石混合料中粗粒含量约 70% 时,土石混合料具有最大压缩模量和最小的孔隙比和单位沉降量,如图 3.7 和图 3.8 所示。

土石复合介质大型压缩试验汇总(据武明[144],1994 年)　　表 3.11

粗粒含量	试验指标	垂直压力(MPa)				
		0	0.1	0.2	0.3	0.4
A 组(40%)	单位沉降量(mm/m)		7.202	12.081	15.475	18.53
	孔隙比	0.441 3	0.431 9	0.423 9	0.419 0	0.414 6
	压缩模量(MPa)	13.89	20.50	29.46	32.73	
B 组(60%)	单位沉降量(mm/m)		6.419	9.515	12.268	14.848
	孔隙比	0.375 4	0.366 6	0.362 4	0.358 6	0.355 0
	压缩模量(MPa)	15.58	32.30	36.30	38.76	
C 组(70%)	单位沉降量(mm/m)		3.298	5.571	7.207	8.384
	孔隙比	0.358 8	0.354 3	0.351 2	0.349 0	0.347 4
	压缩模量(MPa)	30.32	43.99	61.12	84.96	
D 组(80%)	单位沉降量(mm/m)		4.274	7.364	9.707	11.854
	孔隙比	0.369 3	0.363 5	0.359 2	0.356 0	0.353 1
	压缩模量(MPa)	23.55	32.08	42.68	46.58	

上述研究表明:粗粒含量对于土石混合料的压缩变形特性具有重要的影响。随着粗粒含量的增大,土石混合料的压缩模量逐渐增大,压缩变形减小,土石混合料的稳定性增强,一般情况下,当粗粒含量达到 70% 左右时,土石混合料的压缩模量达到最大值,压缩变形最小。

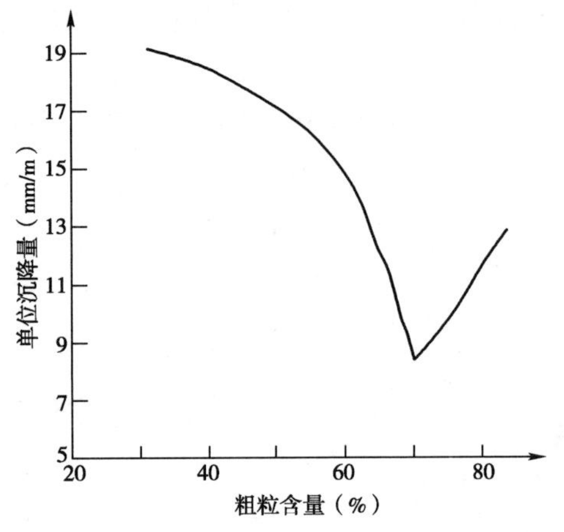

图 3.7　单位沉降量与粗粒含量关系(据武明[144],1994 年)

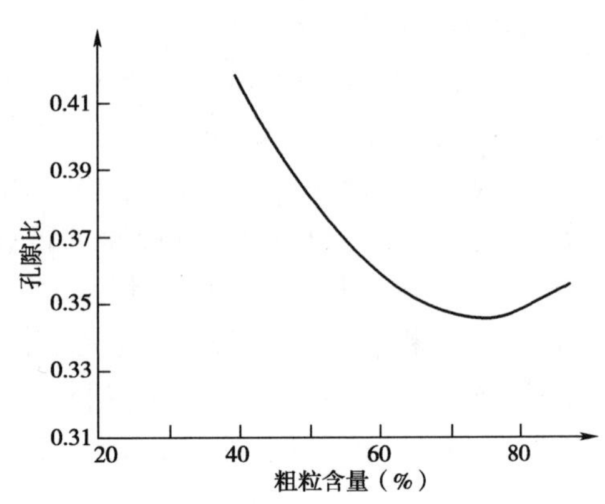

图 3.8　孔隙比与粗料含量关系(据武明[144],1994 年)

3.3.2　抗剪强度特性

由于土石混合料颗粒组成的复杂性,其抗剪强度指标也受到颗粒性质、组成、密实程度、含水率等各种因素的影响。郭庆国[142,143]、武明[144]、董云[145]等都进行了大量的试验研究,根据前人的研究成果,土石混合料的抗剪强度特性主要表现在:

(1)含石量的影响:作为粗颗粒的石料在土石混合料中的比重直接影响其抗剪强度特性。总体来说,土石混合料的抗剪强度随含石量的增大而增加。当粗粒含量较小时(小于30%),石料是孤立的悬浮在细颗粒的土料之间,粗颗粒因为相互之间难以接触而不能形成骨架,这时土石混合料的抗剪强度主要取决于细粒的土料;当含石量逐渐增加时(30% ~ 70%),粗颗粒之间由于相互接触而逐渐形成骨架,细颗粒的土料紧密的填充在骨架空隙之中,抗剪强度随粗粒含量的增加而显著增大,当含石量进一步增加,达到70%以上时,抗剪强度增大尤为明显;而当粗粒含量大于70%时,由于粗颗粒的石料之间形成了紧密的骨架,细粒土含量不足以填充粗粒骨架之间的空隙,这时抗剪强度主要取决于粗粒骨架之间的摩擦作用和胶结作用,因而强度一般不再提高。

(2)细颗粒含量的影响:细颗粒在土石混合料中是填充在粗颗粒的骨架之中的,细颗粒含量的增加,会导致粗粒之间的接触范围减小,颗粒之间的摩擦力和锁结作用降低,因此总体上来说,随着细颗粒含量的增加,土石混合料的抗剪强度有所降低。

(3)压实干密度的影响:随着干密度的增加,土石混合料颗粒之间的孔隙减小,颗粒接触紧密,颗粒之间的摩擦力和锁结作用增强,因此,随着干密度的增加,土石混合料的抗剪强度提高。当采用土石混合料作为填筑集料时,提高土石填方抗剪强度的主要手段就是控制干密度的大小。

(4)含水率的影响:对于细颗粒而言,一定程度的含水率能够保证颗粒表面的润滑作用,而且细颗粒表面的水分子会形成一定的黏结力;而对于粗颗粒而言,含水率的影响较小。因此,总体上,含水率对于土石混合料的抗剪强度影响也取决于粗颗粒的含量,粗颗粒含量越大,含水率的影响越小。

3.3.3 压实特性

影响土石混合料压实效果的主要因素是其颗粒组成情况和性质以及压实方法和压实功能。不同颗粒性质的土石混合料,有着不同的压实特性。郭庆国[131]对黏性粗粒土和无黏性粗粒土的压实特性分别进行了研究。

1)粗料含量与压实干密度的关系

由于黏性土的干密度与含水率的大小密切相关,根据郭庆国等[112]进行的黏性粗粒土压实特性试验,当黏性粗粒土中粗粒含量不变时,黏性粗粒土的击实曲线和一般黏性土基本类似。在相同的击实方法和击实功能条件下,当含水率在最优含水率以下时,随着含水率的增大,干密度逐渐增大;而当含水率增大到最优含水率以后,随着含水率的增大,干密度反而减小。其最优含水率对应着最大的干密度。而对于具有不同粗粒含量的黏性粗粒土,干密度和含水率之间具有相同的抛物线形关系,但是,随着粗粒含量的增大,黏性粗粒土的最大干密度增大,而最优含水率减小,如图 3.9 所示。

最大干密度随粗粒含量增大而增大的趋势与粗粒含量的范围也是相关的,当粗粒含量 P_5 相对较小时($P_5 \leqslant 30\%$),最大干密度随粗粒含量增大而增大的趋势较小;当粗粒含量 P_5 在 30% ~70% 之间时,随着粗粒含量的增加,最大干密度增大较快,当粗粒含量达到 60% ~70% 时,最大干密度达到最大值,此时有最优粗料含量 P_5^0;当粗粒含量较大时($P_5 \geqslant P_5^0$),粗粒含量的增加会引起最大干密度的减小。主要原因在于粗粒含量较低时,粗粒之间因距离较远而尚未形成骨架,土的压实特性主要是由细粒土决定的,而同样体积的细料比粗料重量小,因此,随着粗粒的增加,最大干密度有所增加,但是增加的趋势较缓;随着粗粒含量的增加,粗颗粒之间相互接触逐渐发挥骨架作用,细料颗粒紧密的填充在粗颗粒的骨架之间,而相同体积的粗颗粒的质量明显要大于细颗粒,因此最大干密度随粗颗粒含量的增大而显著增加;当粗粒含量继续增大,直到粗颗粒之间紧密接触,细颗粒含量不足且难以填充骨架之间的空隙,而且处于骨架空隙中的细颗粒因粗颗粒的骨架作用难以得到压实,从而粗粒含量的增加会导致最大干密度的减小,如图 3.10 所示。

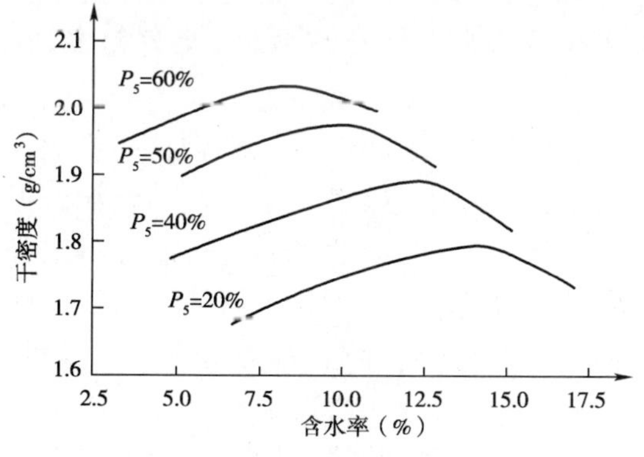

图 3.9 不同粗料含量的黏性粗粒土的干密度与含水率关系图(据郭庆国[131],1998 年)

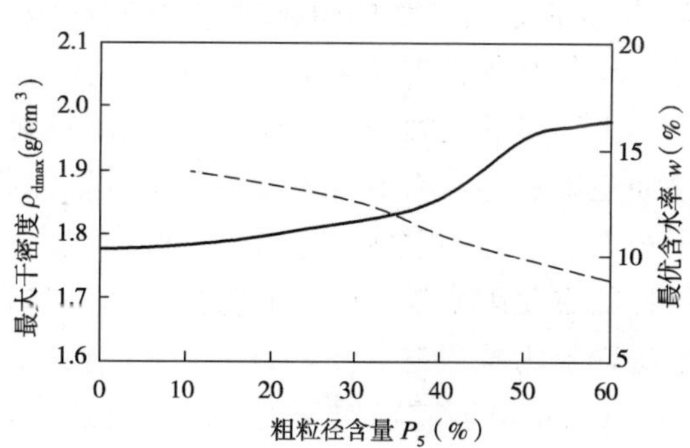

图 3.10 最大干密度随着粗料含量关系(据郭庆国[131],1998 年)

对于无黏性粗粒土,由于其颗粒本身具有良好的透水性,而且在压实过程中粗颗粒孔隙中的水分因挤压而排出,所以随着孔隙的不断减小,土体颗粒逐渐挤密压实。因此,含水率对于无黏性粗粒土的压实效果影响相对较小。图3.11为不同无黏性粗粒土的干密度随粗粒含量P_5变化的关系。总体上来说，对于不同的无黏性粗粒土，干密度都随着其粗粒含量的增大先增大到某一最大值，这个最大干密度对应的粗粒含量可以称为最优粗粒含量P_5^0。当粗颗粒含量进一步增大时（$P_5 \geqslant P_5^0$），随着粗颗粒含量的增加，干密度反而不断减小。这主要是因为相同体积粗粒土的质量要比细粒土的质量大，因此，当粗颗粒含量低于最优粗粒含量时，细颗粒和粗颗粒之间紧密的接触，干密度随着粗粒含量的增多而增大；直到粗粒含量达到最优粗粒含量P_5^0，粗料之间紧密接触，细颗粒由于含量较低而难以完全填充骨架之间的空隙，而且处于骨架空隙中的细颗粒因粗颗粒的骨架作用难以得到压实，从而粗粒含量的增加会导致最大干密度的减小。

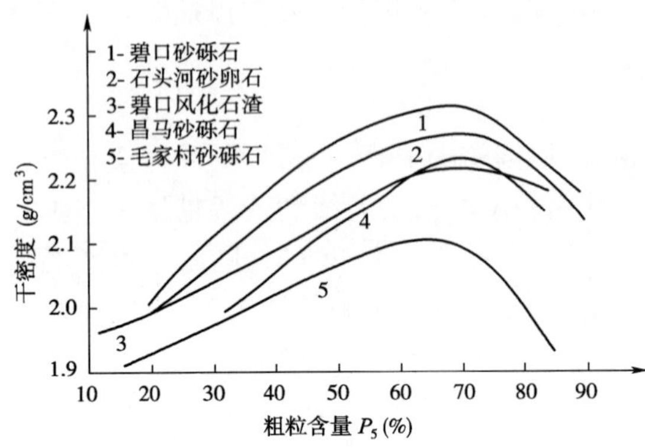

图3.11 无黏性粗粒土的干密度与粗料含量关系（据郭庆国[131]，1998年）

2）粗粒含量对渗透性的影响

由于黏性粗粒土透水性弱，而力学性质比黏性土要好，因此，在土石坝工程中，经常利用天然黏性粗粒土作为心墙、斜墙等防渗体的填筑材料。郭庆国（1998年）[131]对黏性粗粒土的渗透性能进行了试验。研究表明：当粗粒含量较低（$P_5 \leqslant 30\% \sim 40\%$）时，黏性粗粒土的渗透性能主要取决于细颗粒的黏性土，粗粒含量对于渗透系数的影响较小。由于粗颗粒的石料本身并不透水，因此，孤立在细颗粒之间的石料会造成整体渗透系数的减小；当粗粒含量增加到$P_5 \geqslant 30\% \sim 40\%$以后，随着粗粒含量的增加，粗颗粒之间相互接触而形成骨架，压实过程中，粗颗粒形成的骨架承担了大部分的外力作用，而骨架内部的细颗粒可能不能充分的挤密压实，从而随着粗粒含量的增加，黏性粗粒土的渗透性能显著增强，如图3.12所示。事实上，相对于无黏性粗粒土，由于黏性粗粒土中的细颗粒具有黏性特征，其透水性能要小很多，因此在包含适量的粗粒时，黏性粗粒土的防渗性能、力学特性要比纯黏性土要好得多。

3）细颗粒性质的影响

上述研究也表明，对于具有相同的粗粒性质和含量的土石混合体，不同细颗粒的组成和性质也影响着土石混合体的工程特性。尤其是当粗粒含量较小（$P_5 \leqslant 30\%$）时，细颗粒占据了土石混合体的主体，粗颗粒悬浮在细颗粒之间，难以形成骨架，因此影响土石混合料工程特性的主要因素是细颗粒的特性。当细颗粒为砂料时，土石混合料就具有砂性土的特点；而当细颗粒为黏性土时，土石混合料则具有黏性土的基本特性。而且细颗粒中泥质颗粒（$d<0.1$mm的颗粒）对于土石混合料的工程特性也有着较大的影响，当土石混合料中粗颗粒含量较大，足以形成骨架时，细颗粒中的泥颗粒更容易进入到粗颗粒骨架之中，填充效果更好。泥质颗粒以0.1mm作为界限，当小于0.1mm的颗粒含量超过10%时，土石混合料的强度急剧降低，渗透性能减弱，所以通常以10%作为泥质含量的特征点。总而言之，工程中的土石混合料，要严格要求细颗粒的性质。

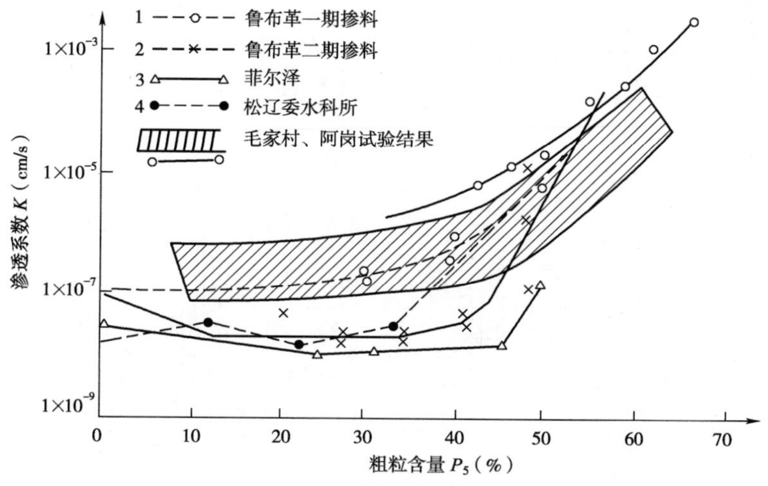

图3.12 渗透系数与粗粒含量关系（据郭庆国[131]，1998年）

●3.4 间断级配的土石复合介质的物理力学特性试验研究

通过对连续级配的土石混合料的工程特性的研究，可以看出土石复合介质的物理力学特性与粗颗粒含量（或者含石量）的大小、细颗粒的性质、颗粒粒径的大小、含水率、密实程度等因素有关，不同级配的土石混合料具有不同的物理力学性能。因此，为了更进一步研究土石复合介质的工程特性，本节对粗颗粒（石料）为单一粒径的间断级配土石混合料进行试验研究，也就是采用相同粒径的石料配置不同土石复合介质，研究石料粒径、含石量、细粒性质以及密实程度等因素对土石混合料的物理力学性能的影响。目前，对这种间断级配的土石混合料的物理力学特性研究很少，因此，本节通过配置包含不同石料粒径大小的土石复合介质，通过击实试验研究其压实特性，分析含石量、石颗粒粒径等因素对干密度的影响，利用不同间断级配的土石复合介质进行填方地基模型试验，研究土石复合介质填方地基的压实特性。

3.4.1 压实特性试验

本试验所采用的土为重庆地区常见的强风化泥岩风化、破碎后形成的土，按照5mm作为土石颗粒的界限，土颗粒的天然密度为2.52g/cm^3，天然含水率为9.7%；石颗粒的天然密度为2.68g/cm^3，土的级配分布如图3.13所示。按照《水电水利工程土工试验规程》（DL/T 5355—2006）、《水电水利工程粗粒土试验规程》（DL/T 5356—2006）[146]，配置不同含石量（20%，30%，40%，50%，60%，70%）的土石混合料进行重型击实试验。

3.4.2 土石填方地基模型试验

1）模型的设计

影响土石填方地基压实质量的主要因素包括含石量、石颗粒粒径、含水率等，为了研究这些因素对土石填方地基的压实特性的影响，根据这些影响因素设计了不同的土石填方地基模型。根据选用石料的粒径将试验分为三类：第一类是选用粒径为 $d=2\sim4$cm 的石料制作不同土石比的土石填方地基试验模型；第二类是选用粒径为 $d=10\sim12$cm 的石料制作不同土石比的土石填方地基试验模型；第三类是选用粒径为 $d=18\sim20$cm 的土石填方地基试验模型。

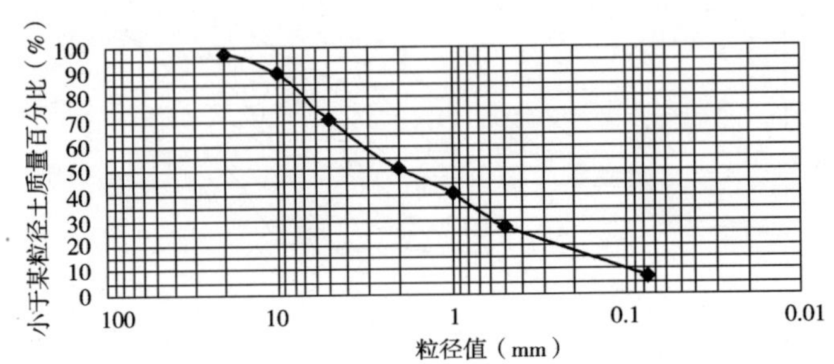

图 3.13　土的级配

(1)石料粒径的确定：

石料的等效直径利用式(3.1)确定：

$$D = K\sqrt{L/t} \tag{3.1}$$

式中：K——粒径计算系数；

L——某一时间 t 内的沉降距离(cm)；

t——沉降时间(s) 根据石颗粒的粒径确定等效粒径，如表 3.12 所示。

石料的等效直径　　表 3.12

单粒粒级(cm)	2~4	8~12	18~22
等效直径(cm)	3	10	20

(2)含石量的控制：对于上述不同粒径大小的石颗粒，分别配置土石比为 8：2、7：3、6：4、5：5、4：6、7：3 的土石复合介质，分别碾压填筑不同的填方地基模型。

(3)含水率的控制：填料的含水率按照击实试验中最优含水率上下 2% 来配置。

2)模型的碾压

地基模型的制作主要包含填料的摊铺和碾压两个过程，如图 3.14 所示。为了控制地基模型的压实质量，主要注意事项如下：

(1)在每次铺筑填料前，应对下层表面进行清理并洒水，使其表面润湿。

(2)为了控制每层摊铺厚度和高程，应根据每层的厚度(含松铺系数)设置挂线标准桩，同时为了检验地基模型的压实质量，在每层碾压完成后进行灌水法测试。

(3)填料摊铺时应根据粒径的不同区别对待，对于细颗粒填料(粒径小于 5cm)，可直接根据每层摊铺的厚度均匀堆料；而对于巨粒组的石料(粒径超过 10cm)，应按照粒径大小，先将大块石料平稳的放置在下面铺填，而且大面向下，然后用相对较细的颗粒铺撒在缝隙中间，铺填过程中应避免硬质块石过于集中。

(4)碾压机械采用前进后退法碾压，其运行参数如表 3.13 和表 3.14 所示。碾压按照先慢后快，先轻后重的原则，先来回碾压至表面初步平整，且无明显裂痕，然后通过振动碾压至无明显轮迹为止，最后再静压 1~2 遍将表面找平。

a) 碾压

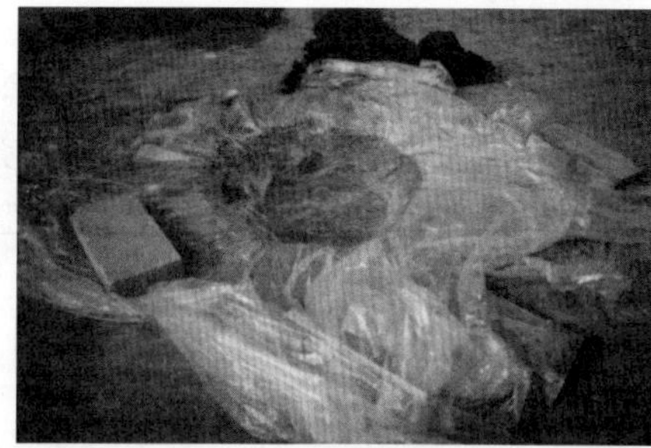

b) 灌水法测试

c) 模型Ⅰ

d) 模型Ⅱ

图 3.14 地基模型填筑

碾压控制参数(一) 表 3.13

分　段	*A*	*B*	*C*	*D*	*E*	*F*
土石比	8∶2	7∶3	6∶4	5∶5	4∶6	3∶7
虚铺厚度(cm)	40	40	40	40	40	40
最大碾压遍数	14					
石料粒径(cm)	2～4					
碾压机械	12t 的二轮光轮压路机					

碾压控制参数(二) 表 3.14

分　段	*A*	*B*	*C*	*D*	*E*	*F*	*G*
土石比	6∶4	5∶5	4∶6	3∶7	4∶6	3∶7	3∶7
虚铺厚度(cm)	30	30	30	30	30	30	30
最大碾压遍数	17						
石料规格(cm)	10～12				18～20		
碾压机械	16t 的振动压路机(频率 10Hz,振幅 1.7mm, 最大激振力 245kN)						

3.4.3 压实特性分析

土石填方地基的压实是在外力的作用下,土颗粒和石颗粒作用颗粒之间的摩擦力而相互重新排列组合的过程,其压实质量与土颗粒特性、石颗粒特性、含石量、综合含水率、碾压功能等多因素有关。

1)含水率的影响和最佳含水率的确定

由于土石复合介质的含水率与干密度具有十分密切的关系,尤其是对于含黏性颗粒的土石混合料而言。因此,对于土石地基的压实,应该严格控制碾压时的含水率。而且由于随着含石量的变化,土石复合介质的最大干密度和最优含水率也随之不同,因此对于施工填筑土石填方地基而言,首先应该了解含水率对土石填料压实特性影响。本节首先通过大量室内击实试验确定不同土石比时土石混合料的最优含水率,如图3.15所示。

2)含石量对压实质量的影响

同样,同一种材料的土石复合介质,粗颗粒含量(这里即含石量)不同其压实特性也是有着较大的区别。因此这里通过室内击实试验研究最大干密度、最优含水率和含石量的关系,如图3.16和图3.17所示。

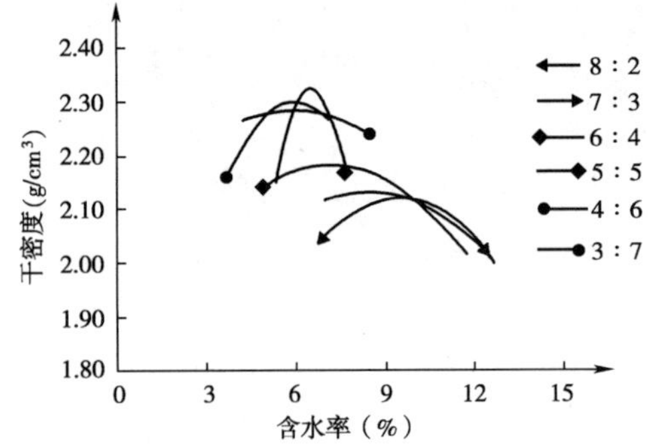

图3.15　不同含石量时含水率与干密度的关系

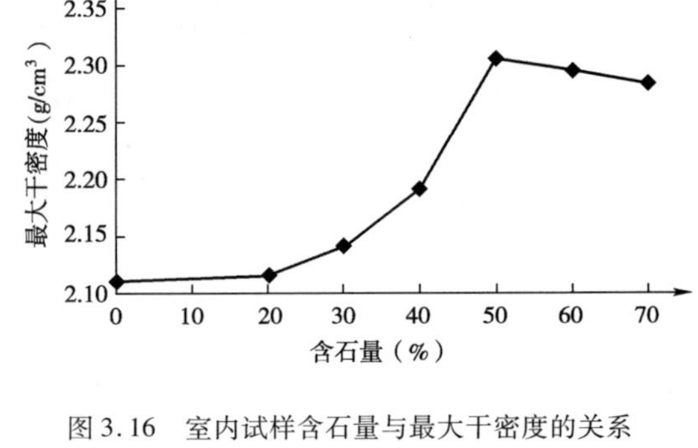

图3.16　室内试样含石量与最大干密度的关系

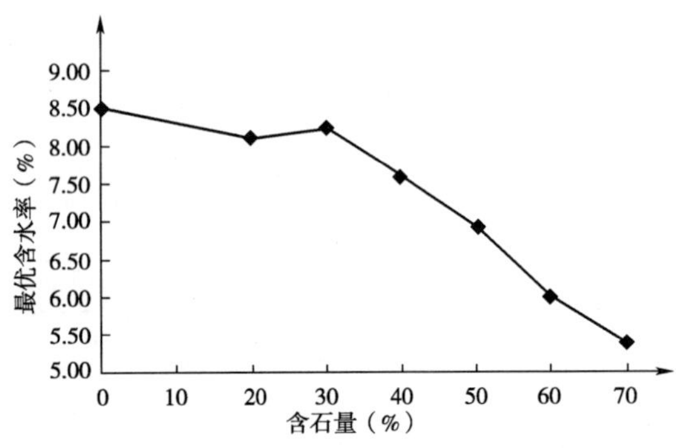

图3.17　室内试样含石量与最优含水率的关系

由图3.16可知,含石量对最大干密度的影响主要表现在:当含石量较低(这里为40%),即土石比较大时,土石料中的粗粒土仅仅是作为包裹体存在,还不能发挥骨架作用,这时的土石混合体的压实特征与纯土介质类似,但是,其密度因粗粒的存在相对增大,其干密度变化较小;当含石量超过40%,即土石比大于4:6时,粗颗粒土逐渐发挥骨架作用,细粒土作为充填物填充骨架内部的空隙,粗细颗粒相互胶结,压实程度显著提高;而当含石量继续增大时(50%),细粒土含量不足,不能填充粗粒骨架之间的全部空隙,土石体的干密度因粗粒的架空而下降,尽管变化较小,但是已经表明含石量在40%~60%之间的土石复合介质有较大的标准干密度。

由图3.17可知,含石量对最佳含水率的影响主要表现在:当含石量逐渐增加,土石比逐渐减小时,最佳含水率相对逐渐减小,这是因为粗颗粒的比表面积及吸水量相对要小于细颗粒。

3)碾压遍数对压实质量的影响

通过对土石地基模型各个阶段压实质量的分析，可以得到不同压实遍数时，土石地基模型的干密度和含水率，图 3.18 为不同土石比时干密度与碾压遍数的关系，图 3.19 为不同土石比时，填方地基模型的压实度与碾压遍数的关系，图 3.20 为不同土石比时，填料的含水率与压实遍数的关系。

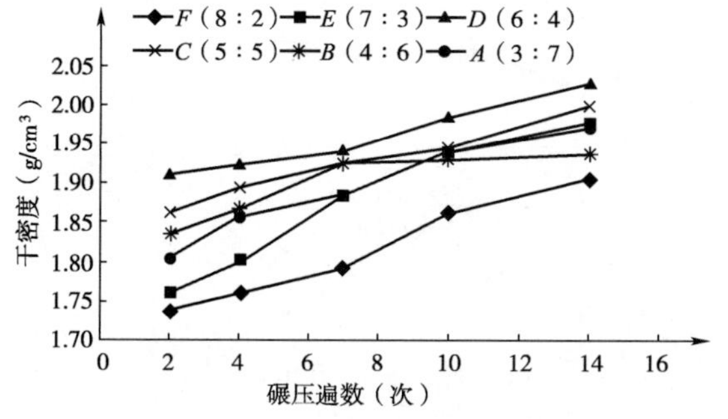

图 3.18　干密度与碾压遍数的关系曲线

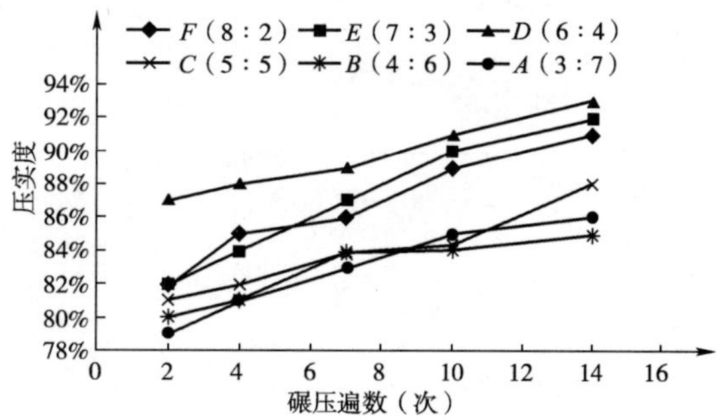

图 3.19　地基模型压实度与碾压遍数的关系

从图 3.18 和图 3.19 可以看出，在同一土石比下，随着碾压遍数的增加，土石颗粒之间不断克服摩擦阻力，相互挤密压实，土石地基的干密度逐渐增大，压实度不断升高。而当碾压遍数继续增大到一定次数后，土石地基的干密度逐渐接近最大干密度，基本变化不大；同样当碾压遍数不变，含石量较低时(0 ~ 40%)，粗颗粒(石料)孤立地悬浮在细颗粒(土料)之间，但是由于相同体积的石颗粒要比细颗粒重，因此，随着含石量的增加，干密度随之增大；当含石量进一步增加时(40% ~ 60%)，石颗粒形成骨架，土颗粒在骨架之间挤密填充，逐渐达到最大干密度，此时若再增加含石量，由于石颗粒形成了紧密的骨架，土颗粒无法完全填充骨架之间的空隙，土石地基的干密度反而减小，从而对土石地基的压实不利。从图 3.20 可以看出，不同土石比的土石混合料在碾压后，其含水率变化很小。

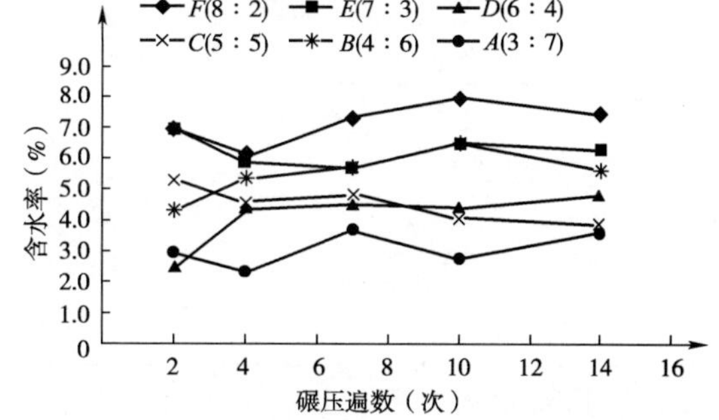

图 3.20　不同土石比时含水率与碾压遍数的关系

4）地基模型沉降率与碾压遍数的关系

通过对土石地基模型各个阶段累积沉降率的观测，可以得到土石地基模型沉降率与碾压遍数的关系。在同一土石比下，随着碾压遍数的增加，土石地基逐渐变密实，地基累积沉降量逐渐增加；而当碾压遍数继续增大达到一定次数(10 次)后，沉降率逐渐趋于稳定；不同土石比下，土石地基的累积沉降率是不同的。当含石量在 40% ~60% 之间时，由于粗细颗粒含量比较均匀，粗颗粒相互接触形成骨架，细颗粒作为骨架之间的填充物，粗细颗粒之间经挤密压实后，其强度和稳定性显著增强，土石地基的压实效果相对较好，此时，土石地基也具有较低的累积沉降率，如图 3.21 所示。

5）石料粒径与现场最大干密度的关系

粗颗粒的粒径(石料粒径)是影响土石复合介质干密度的主要因素，如表 3.15 所示。从

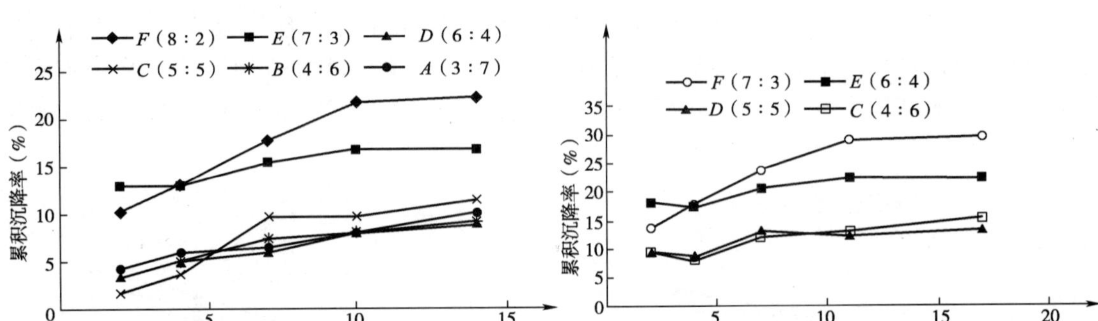

图3.21　沉降率与碾压遍数的关系

表3.15可以看出,同一土石比情况下,石料的等效粒径从3cm增加到20cm,现场最大干密度先增大后减小,说明粗颗粒的粒径对土石复合介质的最大干密度有着较大的影响。对于同一种石料粒径,随着含石量的增加,其最大干密度先增大后减小,当含石量达到最佳含石量时,土石复合介质具有最大干密度。总体而言,最佳含石量有随粗粒粒径呈增大而增大的趋势。

粒径与最大干密度,含石量的关系表　　表3.15

含石量(%) / 等效粒径(cm)	50	60	70
3	2.02	1.94	1.97
10	2.07	2.10	2.04
20	1.95	1.97	1.99

6)压实机械对土石复合介质压实特性的影响

间断级配的土石复合介质由于颗粒之间存在着较大的空隙,当采用静力压路机压实时,由于粗颗粒的骨架作用而承担大部分的外力作用,而细颗粒又不能进入粗颗粒之间的空隙形成填充作用,因而静力压实效果相对较差;而当采用振动压实时,细颗粒能够在振动力的作用下不规则的向着骨架空隙之间移动,从而使得细颗粒逐步地对空隙进行填充,从而具有良好的压实效果,试验结果也证明了这一点。

3.5　本章小结

本章通过对国内外土的分类体系的总结,研究了土石复合介质的提法和界定内容,然后从连续级配和间断级配两个方面进行试验研究,分析了土石复合介质的工程特性,分析了颗粒组成、粒径大小、含石量、压实程度、含水率等因素对其物理力学特性的影响。主要结论如下:

(1)土石复合介质是指一种颗粒组成包含土颗粒、石颗粒的土石混合体,其关键在于土颗粒和石颗粒粒径的界定,通过对土石颗粒粒径的界定可以确定土石复合介质的土石比,从而分析土石复合介质的物理力学特性。影响土石复合介质工程特性的主要因素包括土、石颗粒的性质和含量、含水率等。

（2）随着含石量的增加，土石复合介质的干密度，压实度，抗剪强度以及压缩模量呈先增大后减小的趋势，当含石量增加到最佳含石量时，土石复合介质具有最大干密度和压缩模量，压实效果最佳，承载能力最好，最佳含石量一般在60%～70%之间。

（3）当含石量相同时，土石复合介质的干密度随着石料粒径的增大而先增大后减小，而最佳含石量有随粗粒粒径增大而增大。

（4）根据本课题研究的需要，土石复合介质中的土颗粒和石颗粒以5mm作为分界，即大于5mm的颗粒划分为石颗粒，反之则为土颗粒。

第4章　多相土石复合介质电阻率特性的试验研究

土石复合介质是一种固体成分包含岩石颗粒和土颗粒的复杂多孔介质，由于其颗粒组成复杂，粒径分布范围较广，级配变化较大，不同的土石混合料的工程特性变化较大，影响其电阻率特性的因素也较多。本章通过制作大批量的具有不同介质密度、含水率、土石比、饱和度的土石复合介质试件，分别测定其在不同物理状态下的电阻率特性指标和物理特征参数，分析电阻率特性与介质物理特征参数的相关关系。

4.1　电阻率测试原理及方法

4.1.1　土石试件电阻率测试基本原理

岩土体介质的电阻率是通过测试试件在恒定电流 I 通过时两电极间的电压降 ΔU，并根据欧姆定律计算出试件的电阻大小 R，那么通过试件电流两端的岩土体电阻率为：

$$\rho = R\frac{S}{L} = \frac{\Delta U}{I}\frac{S}{L} \tag{4.1}$$

式中：ρ——试件两端的电阻率（Ω·m）；

S——电极接触的面积（m^2）；

L——试件的长度（m）。

根据电极排列的方式，岩土体电阻率测试的方法可分为二相电极法[119]和四相电极法[147]两种类型，分别如图4.1和图4.2所示。

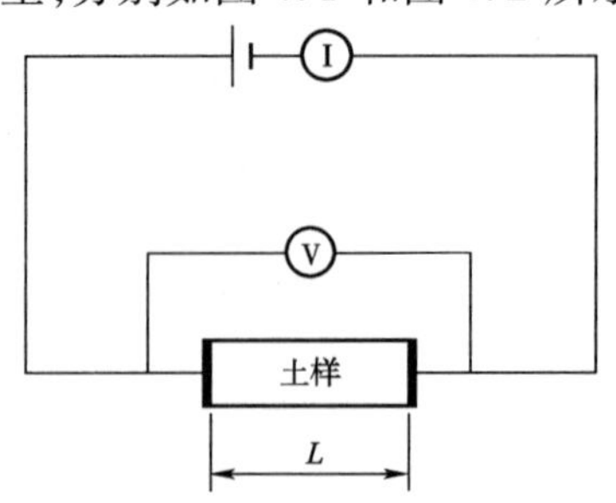

图4.1　二相电极法

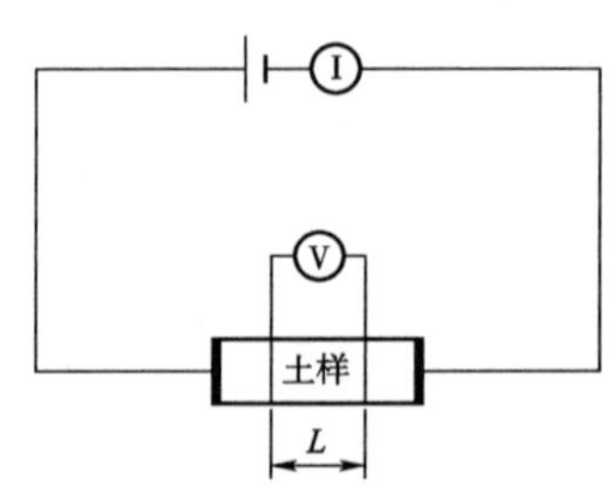

图4.2　四相电极法

二相电极法测试操作简单，主要通过直接测试试件两端的电压降来计算岩土体的电阻率。这种测试方法易受电极与试件之间的接触条件所影响，一般情况下，需要在测试试件与电极的接触面上适当的抹上一层导电性良好的石墨粉保证接触良好，同时还应进行适当的接触修正。

一般情况下，可利用常规土工试验仪器进行改装，如土体的压缩试验、三轴试验等，从而研究电阻率和岩土体物性参数的动态关系。四相电极法在应用于岩土体的常规土工试验中时，测试方法相对较为复杂，通常在土工试验仪器中安放如金属环、金属探针等类型的电极时，会不可避免的扰动试样，而且在压缩试验、三轴试验中难以确定试样的电极间距。因而，在同步研究岩土体电阻率随物性参数动态变化时，宜采用二相电极法测试试件的电阻率。

4.1.2 电阻率测试装置

若按照放置土样的装置来分，现有的电阻率测试方法又可分为两类：一类放置土样的绝缘盒模型，绝缘盒有圆柱体状的，如图 4.3 所示；也有长方体状的 Miller soil box，如图 4.4 所示；另一类为了在常规土工试验仪器中测试土体的电阻率，可利用于固结仪或三轴试验仪器等试验设备中，安装电阻率测试设备，如图 4.5 和图 4.6 所示。

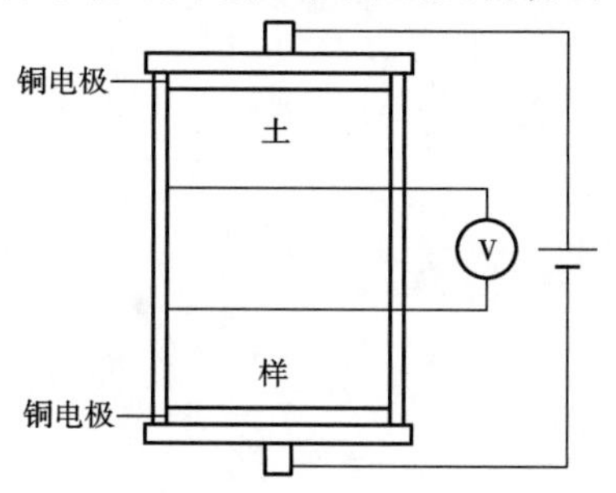

图 4.3 圆柱体状的电阻率测试装置

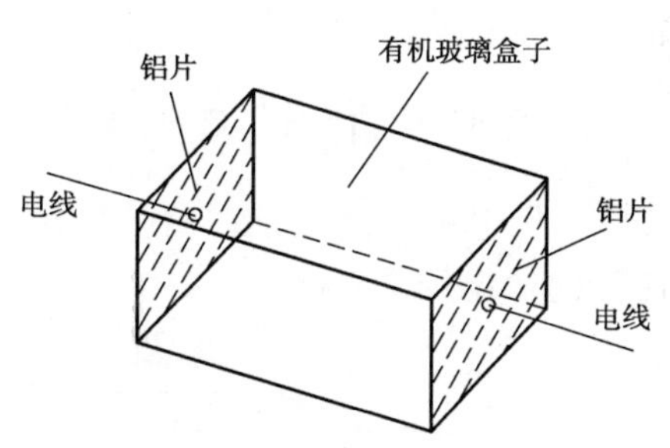

图 4.4 长方体状的电阻率测试装置

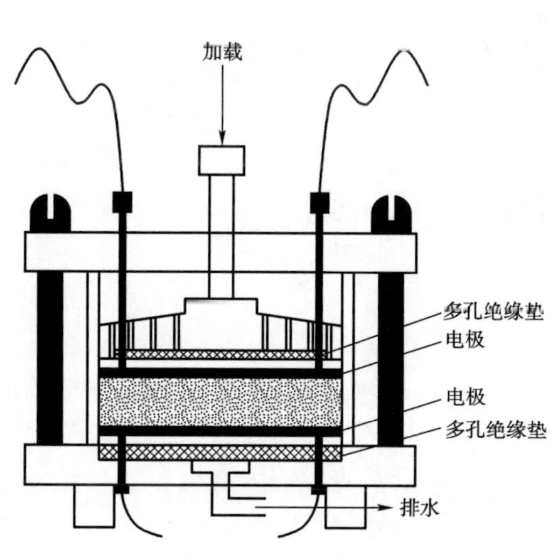

图 4.5 压缩仪上的电阻率测试装置

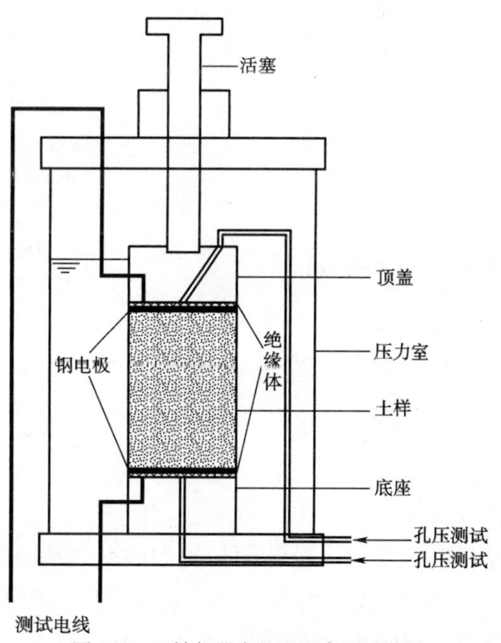

图 4.6 三轴仪器中的电阻率测试装置

若按照施加的电源类型来分,电阻率测试又可分为交流电源法和直流电源法两类。由于直流测试系统相对较为方便,现有电阻率测试系统多采用直流电测。但直流电(DC)场引起的电耦合现象、电化学效应不仅会导致土体内部结构的变化,还会引起土体含水率和孔隙水的化学成分的变化等[148],从而使得电阻率测试结果失真。相对而言,采用交流电（AC）则可以避免这种试验误差的产生[15、149、150],因而在通过测试土的电阻率指标进行土的结构特征分析时,宜选用交流电（AC)测试系统。

而对于电阻率的交流电测试系统,不同专家学者选取的交流电频率不尽相同。尤其是交流电频率的选择 ,至今也还没有统一的规定,通常使用的频率范围为 50 ~ 1 000Hz。相对而言,高频交流电具有的偏振(现象)与极化作用也会导致土体导电性能的改变。研究表明[151],应用土体的电阻率指标研究其结构性参数的前提是在低频条件下。低频率区的土的电阻率特征可有效反应土颗粒大小、粒径分布、颗粒定向性、孔隙液电解质的种类和浓度、颗粒表面特征和土样的扰动程度等结构特征。频率过高或过低均不宜,频率高, 数据不稳定,难以有效揭示土的结构特性;频率过低,电信号不明显,灵敏度不高。因而,应用土的电阻率进行土的结构特征分析时,应选取适当的频率,考虑到我国民用电频率为 50Hz,因此,可采用 50H 的低频交流电来测量土的电阻率。

4.1.3 本章使用的测试装置及设备

本章根据二相电极法测试原理,利用 DUK－2B 型高密度电法仪的多功能部分对试件进行测试,测试系统如图 4.7 所示。

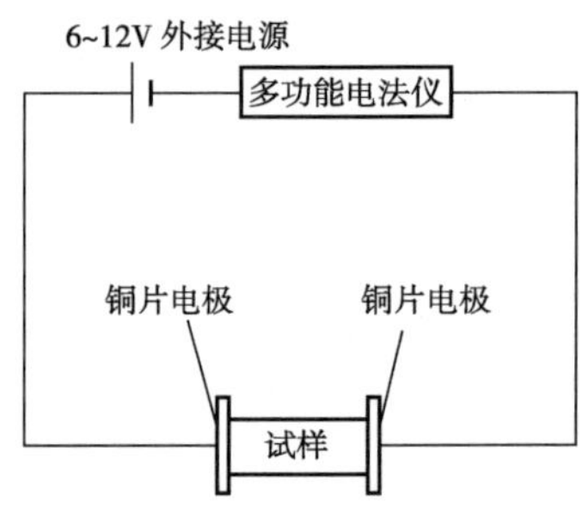

图 4.7 电阻率测试系统

● 4.2 多相土石复合介质电阻率特性的试验研究

4.2.1 试验设计

前人研究的土的电阻率和岩石的电阻率结构模型表明:影响岩土体介质电阻率特性的主要因素有孔隙水的含水率、孔隙率以及岩土体颗粒本身的导电性,而在这些因素中最主要的因素是含水率和孔隙率,因此,研究多相土石复合介质电阻率的影响因素也主要从这两个方面进行。本节设计两种类型的电阻率测试试验:

(1)测试含水率对土石复合介质电阻率的影响:配置不同土石比的土石混合料(以 5mm 作为土石的界限粒径),通过电动重型击实仪制作标准的击实试件(5 层 56 击,ϕ15.2cm ×

11.6cm)，测试击实试件的电阻率，分析土石复合介质的电阻率和含水率的相关关系。

(2)测试与孔隙率相关的因素对土石复合介质电阻率的影响：配置不同土石比的土石混合料，对每一种含水率(5%，10%，15%)的土石混合料制作不同击实次数(8次、16次、24次和32次)的击实试件(为保证含水率基本上不变化或变化很小，控制击实次数不超过32次)，测试击实试件的电阻率，分析土石复合介质的电阻率和孔隙率、饱和度以及土石比的相关关系。

4.2.2 试验材料的选取

本试验所采用的土石料为重庆地区常见的强风化泥岩风化、破碎后形成的土以及夹杂的石灰岩，采用筛分法对颗粒进行级配分析，将不同粒径的土石绘制粒径级配图，如图4.8所示。

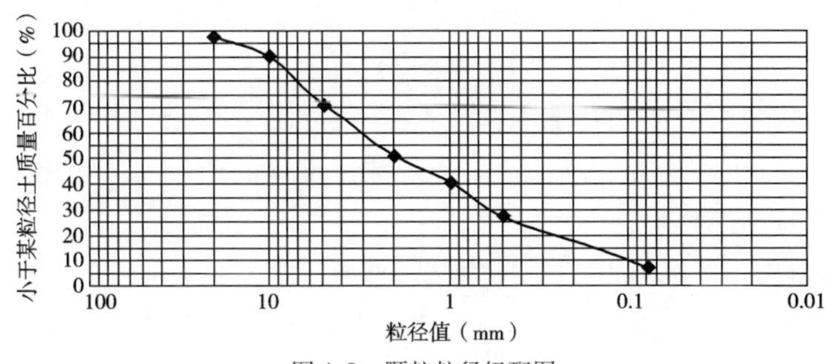

图4.8 颗粒粒径级配图

在本章的研究中，按照击实试件的尺寸，可考虑土—石阈值为 $d_{S/RT}=5.8\sim8.12$mm。考虑通过筛分法对土石颗粒进行界定，这里以5mm作为土、石颗粒粒径的界限，也就是将小于5mm的颗粒作为土料，反之，大于5mm的颗粒作为石料。土石料基本物理性质见表4.1。

基本物理指标 表4.1

比重		天然含水率(%)
石料	土	土
2.68	2.52	9.7

4.2.3 电阻率测试及结果统计

通过第一类试验，测试了不同土石比的土石混合料的电阻率和含水率的相关关系，测试结果如表4.2所示。

标准击实试件电阻率和含水率统计 表4.2

土石比5:5	含水率(%)	7.42	8.69	11.43	13.61	14.95	17.51
	电阻率(Ω·m)	113.1	99.19	58.5	48.9	33.91	31.41
土石比6:4	含水率(%)	7.55	9.05	11.22	13.58	15.04	17.68
	电阻率(Ω·m)	107.55	84.32	60.52	50.08	34.25	30.64

续上表

土石比7∶3	含水率(%)	7.87	9.78	11.53	13.71	14.87	16.97
	电阻率(Ω·m)	99.54	75.52	49.33	39.55	37.54	31.58
土石比8∶2	含水率(%)	8.05	9.87	11.25	14.08	16.27	18.12
	电阻率(Ω·m)	89.21	71.19	49.55	37.29	31.91	25.41
土石比9∶1	含水率(%)	7.45	8.69	11.07	12.51	13.95	17.85
	电阻率(Ω·m)	106.34	69.19	45.54	39.9	33.91	26.12
纯土	含水率(%)	7.05	8.04	11.99	14.51	16.95	18.44
	电阻率(Ω·m)	93.8	74.19	45.7	34.9	24.85	17.41

对于第二类试验,同时统计各个试件的孔隙率和饱和度对于多相土石复合介质,孔隙率的计算方法如下:

$$n = 1 - \frac{\gamma}{\gamma_{es}(1 + w)} \tag{4.2}$$

式中:n——多相土石复合介质的孔隙率;

γ——多相土石复合介质的密度,这里通过测试试件的质量和体积相除就可以得到;

w——介质的含水率;

γ_{es}——多相土石复合介质的等效颗粒密度,可通过下式计算:

$$\gamma_{es} = \frac{f\gamma_s + \gamma_r}{f + 1} \tag{4.3}$$

式中:f——土石体积比;

γ_s——土颗粒密度,这里 $\gamma_s = 2.52\text{g/cm}^3$;

γ_r——石颗粒度,这里 $\gamma_r = 2.68\text{g/cm}^3$。

同理,饱和度计算方法如下:

$$S_r = \frac{wG_{es}}{e} = \frac{w\gamma_{es}}{e\gamma_w} \tag{4.4}$$

式中:S_r——饱和度;

G_{es}——土石复合介质的等效比重;

e——孔隙比,孔隙比计算方法如下:

$$e = \frac{\gamma_{es}}{\gamma_d} - 1 = \frac{\gamma_{es}(1 + w)}{\gamma} - 1 \tag{4.5}$$

将击实试件的物性参数和电阻率统计,如表4.3所示。

不同击实次数的击实试件电阻率和物性参数关系统计表 表4.3

a)土石比为5∶5时,击实试件物性参数和电阻率统计表

含水率(%)	击实次数(次)	电阻率(Ω·m)	密度(g/cm^3)	干密度(g/cm^3)	孔隙比	孔隙率(%)	饱和度(%)
5	8	118.939	1.74	1.66	0.569	36.3	22.8
5	16	99.067	1.79	1.70	0.525	34.4	24.8
5	24	90.676	1.83	1.74	0.492	33.0	26.4

续上表

含水率（%）	击实次数（次）	电阻率（Ω·m）	密度（g/cm³）	干密度（g/cm³）	孔隙比	孔隙率（%）	饱和度（%）
5	32	88.052	1.85	1.76	0.476	32.2	27.3
10	8	33.403	1.78	1.62	0.607	37.8	42.9
10	16	27.818	1.83	1.66	0.563	36.0	46.2
10	24	26.431	1.85	1.68	0.546	35.3	47.6
10	32	25.043	1.89	1.72	0.513	33.9	50.7
15	8	27.637	1.77	1.54	0.689	40.8	56.6
15	16	24.496	1.84	1.60	0.625	38.5	62.4
15	24	19.058	1.91	1.66	0.565	36.1	69.0
15	32	18.121	1.94	1.69	0.541	35.1	72.1

b）土石比为6∶4时，击实试件物性参数和电阻率统计表

含水率（%）	击实次数（次）	电阻率（Ω·m）	密度（g/cm³）	干密度（g/cm³）	孔隙比	孔隙率（%）	饱和度（%）
5	8	76.036	1.72	1.64	0.577	36.6	22.4
5	16	59.05	1.78	1.70	0.524	34.4	24.6
5	24	47.636	1.83	1.74	0.483	32.6	26.8
5	32	45.778	1.86	1.77	0.459	31.4	28.2
10	8	32.33	1.78	1.62	0.597	37.4	43.3
10	16	25.957	1.84	1.67	0.545	35.3	47.4
10	24	24.601	1.88	1.71	0.512	33.9	50.5
10	32	23.339	1.92	1.75	0.480	32.5	53.8
15	8	24.041	1.81	1.57	0.642	39.1	60.4
15	16	21.851	1.86	1.62	0.598	37.4	64.9
15	24	17.562	1.92	1.67	0.548	35.4	70.8
15	32	16.956	1.93	1.68	0.540	35.1	71.8

c）土石比为7∶3时，击实试件物性参数和电阻率统计表

含水率（%）	击实次数（次）	电阻率（Ω·m）	密度（g/cm³）	干密度（g/cm³）	孔隙比	孔隙率（%）	饱和度（%）
5	8	70.672	1.72	1.63	0.571	0.364	5
5	16	54.583	1.73	1.65	0.559	0.358	5
5	24	45.849	1.75	1.66	0.543	0.352	5
5	32	40.198	1.83	1.74	0.473	0.321	5
10	8	32.856	1.78	1.62	0.587	0.370	10
10	16	25.446	1.84	1.67	0.535	0.349	10
10	24	23.128	1.88	1.71	0.503	0.334	10
10	32	21.915	1.91	1.74	0.479	0.324	10

续上表

含水率（%）	击实次数（次）	电阻率（Ω·m）	密度（g/cm^3）	干密度（g/cm^3）	孔隙比	孔隙率（%）	饱和度（%）
15	8	22.757	1.79	1.56	0.650	0.394	15
15	16	20.323	1.82	1.58	0.623	0.384	15
15	24	16.278	1.88	1.63	0.571	0.363	15
15	32	16.098	1.92	1.67	0.538	0.350	15

d）土石比为 8∶2 时，击实试件物性参数和电阻率统计表

含水率（%）	击实次数（次）	电阻率（Ω·m）	密度（g/cm^3）	干密度（g/cm^3）	孔隙比	孔隙率（%）	饱和度（%）
5	8	61.331	1.69	1.61	0.586	0.369	21.8
5	16	43.398	1.72	1.64	0.558	0.358	22.9
5	24	36.177	1.76	1.68	0.523	0.343	24.4
5	32	31.599	1.83	1.74	0.464	0.317	27.5
10	8	31.149	1.78	1.62	0.577	0.366	44.2
10	16	24.388	1.85	1.68	0.517	0.341	49.3
10	24	22.442	1.89	1.72	0.485	0.327	52.6
10	32	20.776	1.91	1.74	0.470	0.320	54.3
15	8	21.016	1.79	1.56	0.640	0.390	59.9
15	16	20.506	1.82	1.58	0.613	0.380	62.5
15	24	15.955	1.85	1.61	0.586	0.370	65.3
15	32	15.239	1.89	1.64	0.553	0.356	69.2

e）土石比为 9∶1 时，击实试件物性参数和电阻率统计表

含水率（%）	击实次数（次）	电阻率（Ω·m）	密度（g/cm^3）	干密度（g/cm^3）	孔隙比	孔隙率（%）	饱和度（%）
5	8	59.064	1.67	1.59	0.594	0.373	21.3
5	16	42.718	1.71	1.63	0.557	0.358	22.8
5	24	36.279	1.73	1.65	0.539	0.350	23.5
5	32	31.112	1.83	1.74	0.455	0.313	27.9
10	8	30.719	1.76	1.60	0.585	0.369	43.4
10	16	23.147	1.85	1.68	0.508	0.337	49.9
10	24	21.624	1.87	1.70	0.492	0.330	51.6
10	32	20.213	1.91	1.74	0.461	0.315	55.1
15	8	20.765	1.79	1.56	0.629	0.386	60.5
15	16	19.431	1.81	1.57	0.611	0.379	62.2
15	24	14.956	1.84	1.60	0.585	0.369	65.0
15	32	13.335	1.87	1.63	0.560	0.359	68.0

续上表

f)纯土击实试件物性参数和电阻率统计表

含水率（%）	击实次数（次）	电阻率（Ω·m）	密度（g/cm^3）	干密度（g/cm^3）	孔隙比	孔隙率（%）	饱和度（%）
5	8	58.22	1.68	1.60	0.575	0.365	21.9
5	16	40.457	1.71	1.63	0.547	0.354	23.0
5	24	35.436	1.77	1.69	0.495	0.331	25.5
5	32	30.981	1.84	1.75	0.438	0.305	28.8
10	8	27.841	1.73	1.57	0.602	0.376	41.8
10	16	21.343	1.82	1.65	0.523	0.343	48.2
10	24	20.023	1.84	1.67	0.507	0.336	49.8
10	32	19.856	1.86	1.69	0.490	0.329	51.4
15	8	19.149	1.79	1.56	0.619	0.382	61.1
15	16	18.4	1.81	1.57	0.601	0.375	62.9
15	24	14.484	1.83	1.59	0.584	0.369	64.8
15	32	12.46	1.86	1.62	0.558	0.358	67.7
20	8	12.241	1.84	1.53	0.643	0.392	78.3
20	16	11.701	1.87	1.56	0.617	0.382	81.7
20	24	11.358	1.89	1.58	0.600	0.375	84.0
20	32	11.057	1.93	1.61	0.567	0.362	88.9

4.3 多相土石复合介质电阻率与物理参数相关关系分析

影响多相土石复合介质结构性的因素主要包括含水率、干密度、孔隙率以及土石比等。为了研究多相土石复合介质电阻率特性的影响因素，本节通过上述试验数据分别分析不同物理状态下土石复合介质的电阻率特性。

4.3.1 含水率对多相土石复合介质电阻率影响分析

通过第一组试验数据分析含水率对土石复合介质电阻率特性的影响，如图 4.9 所示。从图 4.9 可以看出，对于每一种土石比的土石复合介质，电阻率均随着含水率的增大而显著减小，而且电阻率和含水率有着良好的幂函数关系。事实上，电阻率对含水率极为敏感。对于同一种土石复合介质，随着含水率增加，饱和度增大，土体颗粒之间的孔隙被逐渐填充，导电性增强，电阻率减小。

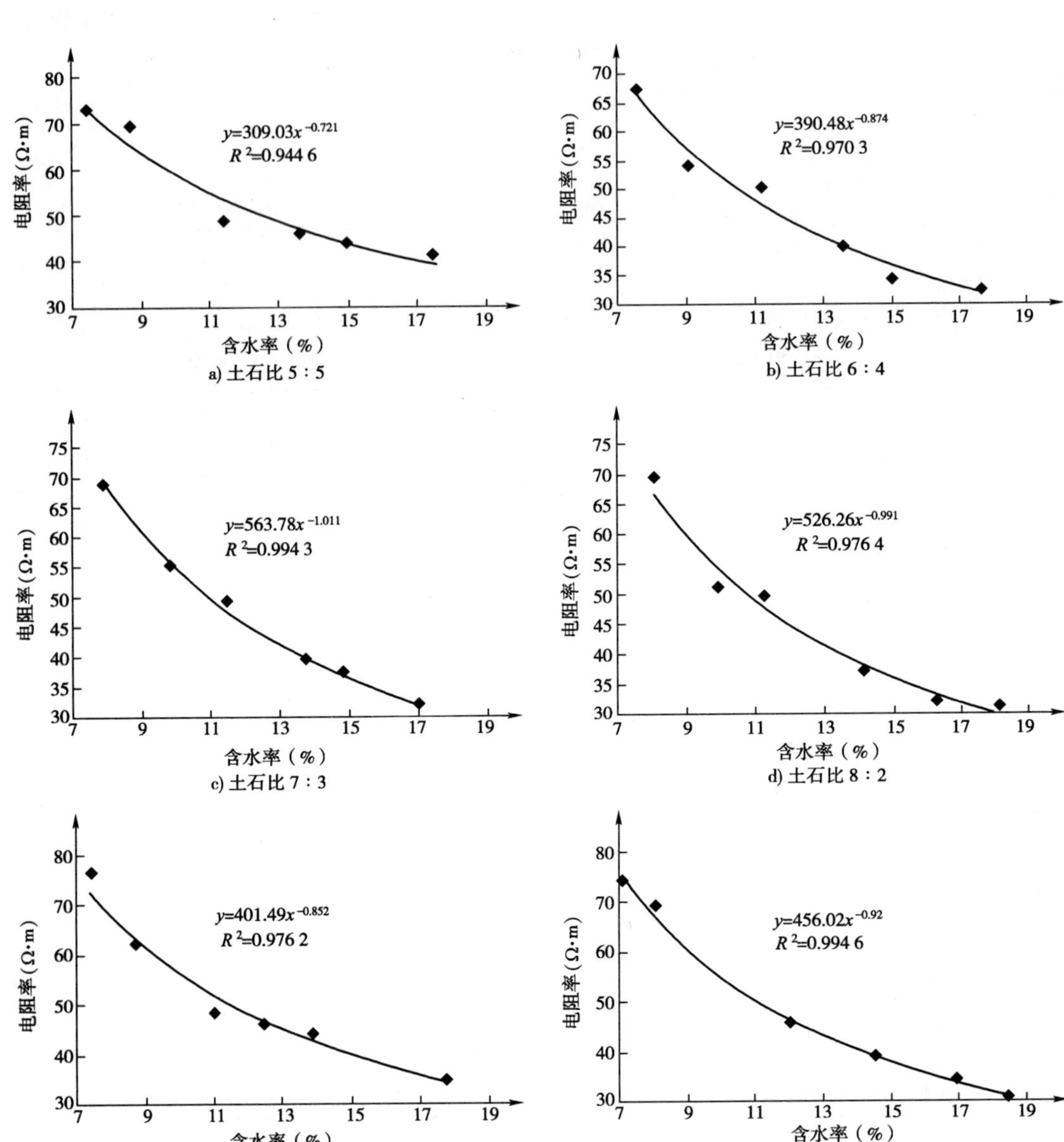

图 4.9　土石复合介质的电阻率随含水率的变化关系

4.3.2　孔隙率对多相土石复合介质电阻率影响分析

通过第二组试验数据分析孔隙率对土石复合介质电阻率特性的影响，如图 4.10 所示。

从图 4.10 可以看出，总体上，同一土石比下，多相土石复合介质的电阻率随着孔隙率的增大呈增大的趋势，这是由于孔隙率增大，饱和度降低，土体的导电性减弱，电阻率增大。但是，当含水率较小时，电阻率随孔隙率的增大而增大的趋势更明显，这是因为含水率较大时，土体导电性能主要由孔隙水决定，孔隙率的增大对电阻率的影响相对较小。

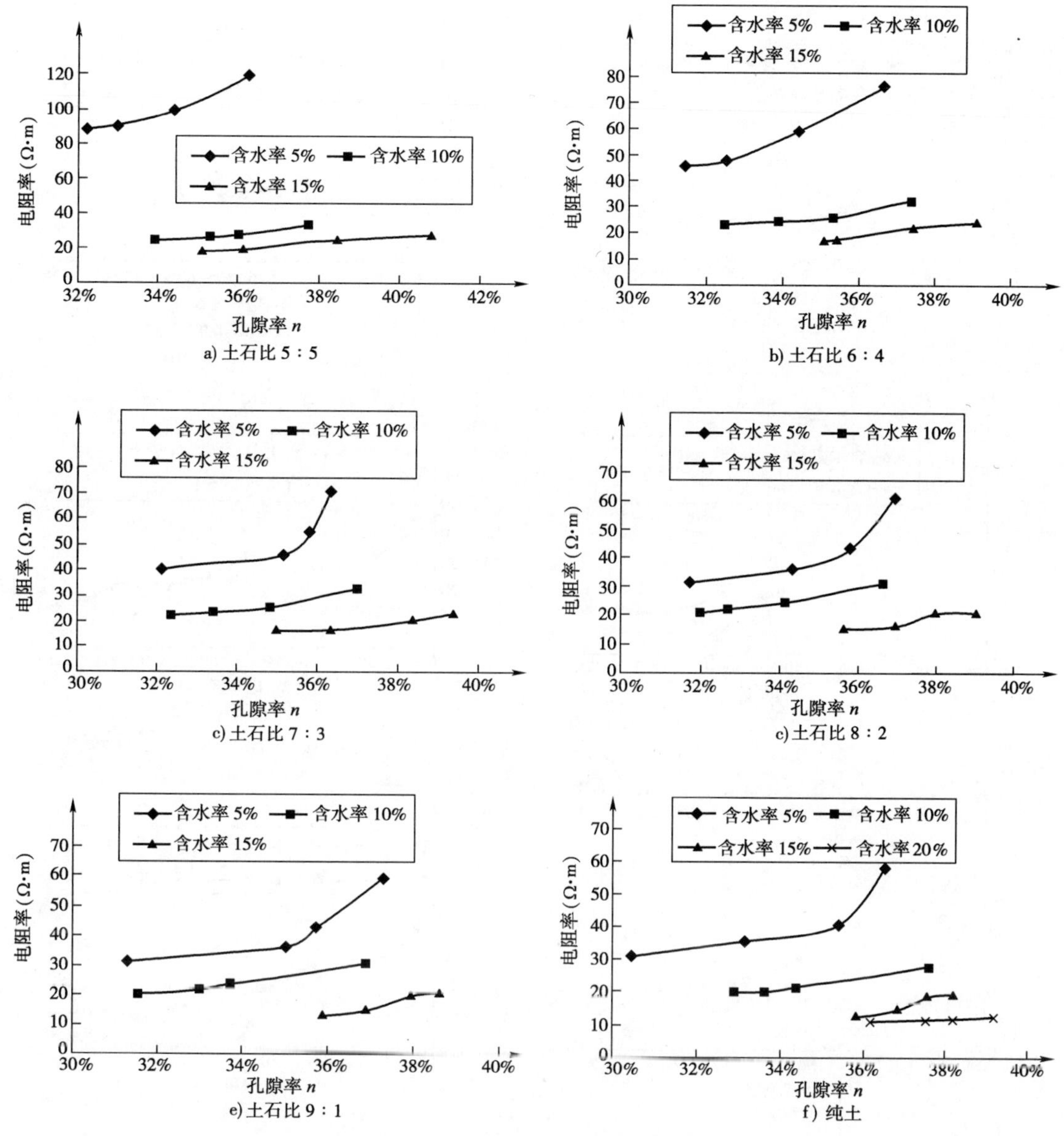

图 4.10 土石复合介质电阻率随孔隙率的变化关系

4.3.3 饱和度对多相土石复合介质电阻率影响分析

通过第二组试验数据分析饱和度对土石复合介质电阻率特性的影响,如图 4.11 所示。

从图 4.11 可以看出,总体上,同一土石比下,多相土石复合介质的电阻率随着饱和度的增大呈减小的趋势,这是由于饱和度增大,孔隙空间减小,土体的导电性增强,电阻率减小。但是,当含水率较小时,电阻率随饱和度的增大而减小的趋势更明显,这是因为含水率较大时,土体导电性能主要由孔隙水决定,饱和度的增加导致孔隙率减小对电阻率的影响相对较小。

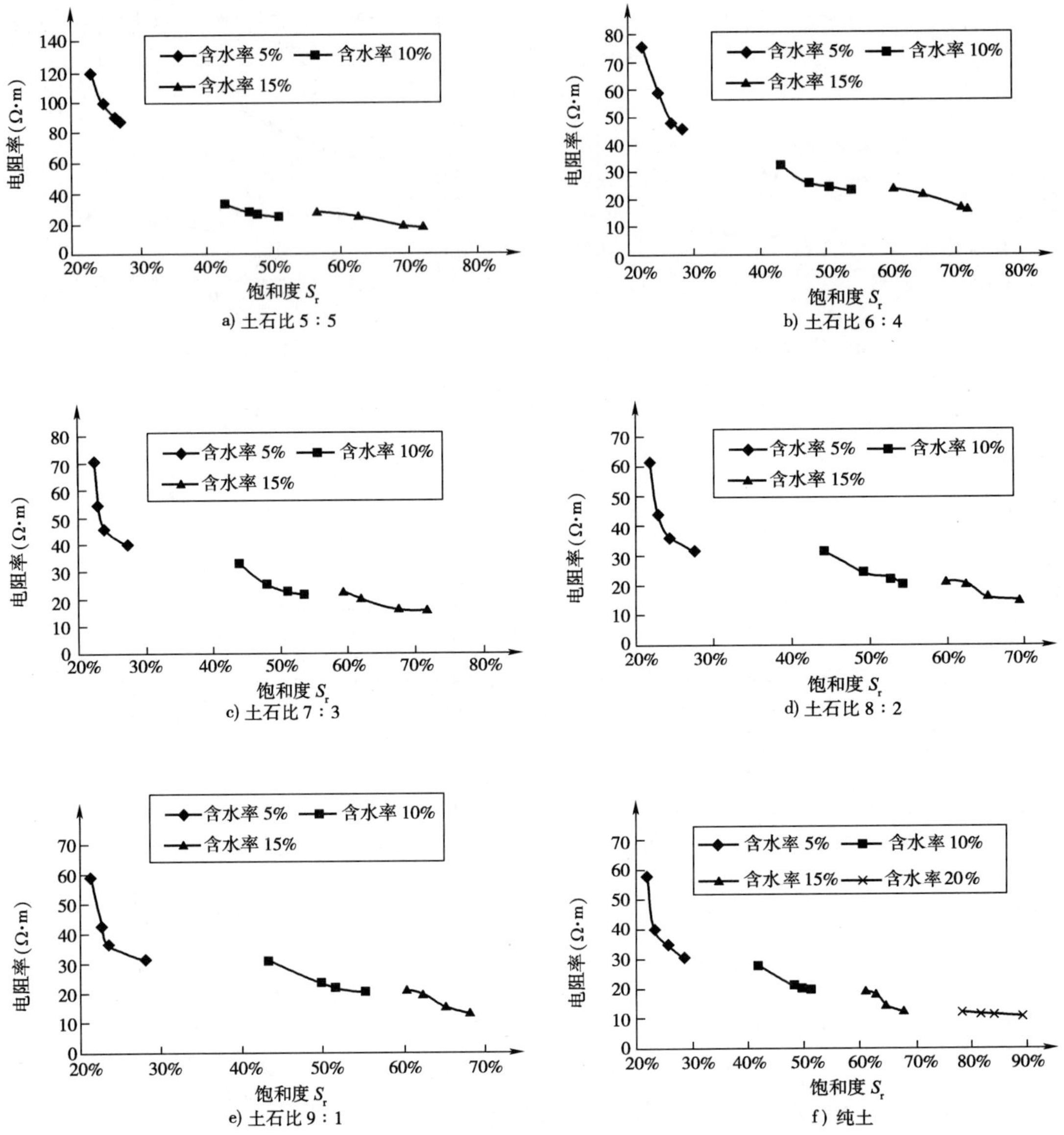

a) 土石比 5 : 5

b) 土石比 6 : 4

c) 土石比 7 : 3

d) 土石比 8 : 2

e) 土石比 9 : 1

f) 纯土

图 4.11　土石复合介质电阻率随饱和度变化的关系

4.3.4　击实次数对多相土石复合介质电阻率影响分析

通过第二组试验数据分析击实次数对土石复合介质电阻率特性的影响，如图 4.12 所示。

从图 4.12 可以看出，总体上，同一土石比下，多相土石复合介质的电阻率随着击实次数的增大呈减小的趋势，这是由于随着击实次数的增加，孔隙空间减小，土体的导电性增强，电阻率减小。但是，当含水率较小时，电阻率随饱和度的增大而减小的趋势更明显，这是因为含水率较大时，土体导电性能主要由孔隙水决定，击实次数的增加导致孔隙率减小对电阻率的影响相对较小。而且当击实次数达到一定大小之后,击实次数的增加对电阻率的影响也越不明显,基本上电阻率趋于稳定,这是因为击实次数增大到一定大小之后,土体趋于饱和,土体导电性能不再随击实次数的增加而改变。

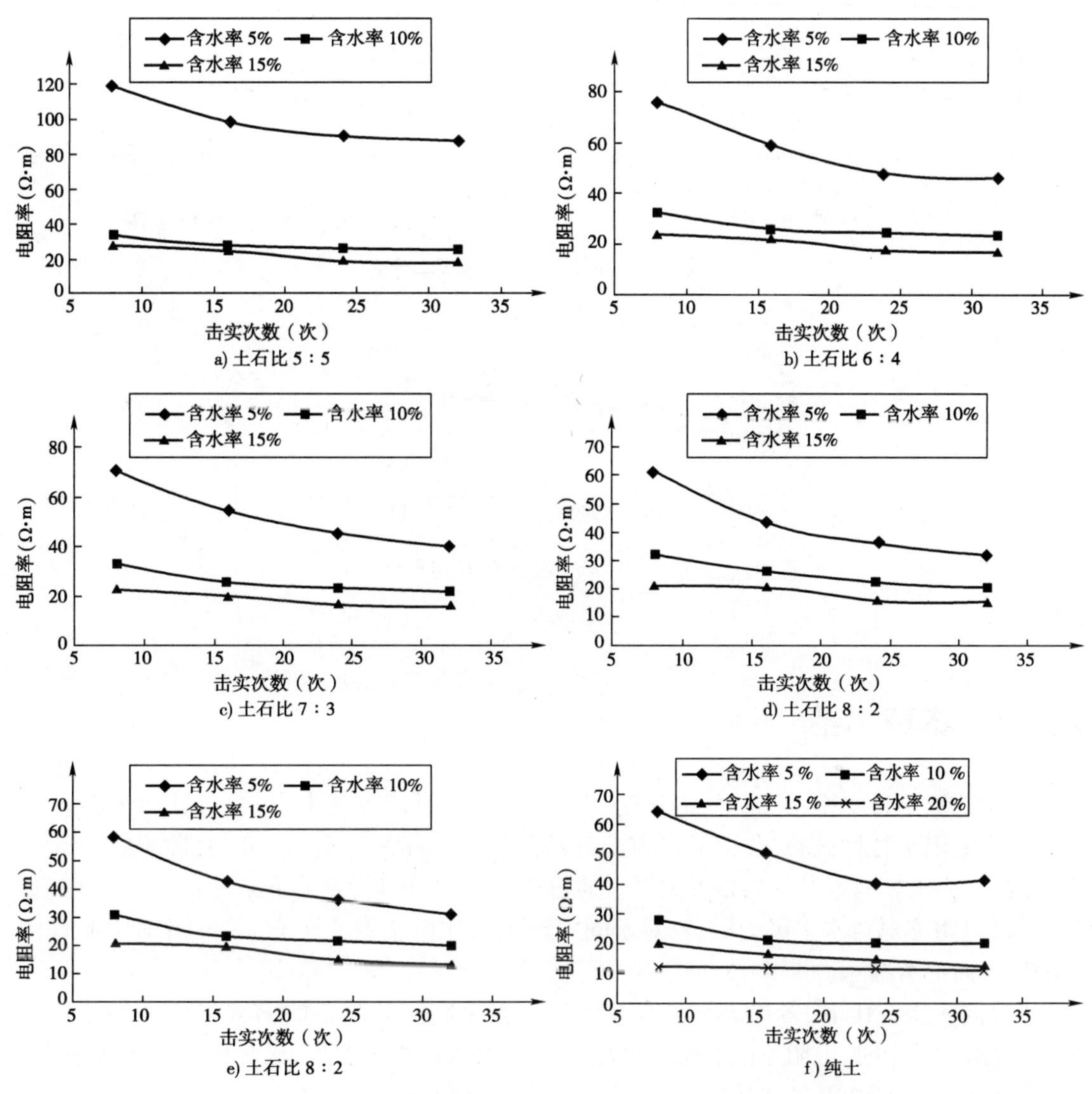

图 4.12　土石复合介质电阻率随击实次数变化的关系

4.3.5　土石比对多相土石复合介质电阻率影响分析

通过第二组试验数据分析土石比对土石复合介质电阻率特性的影响,如图 4.13 所示。

从图 4.13 可以看出,总体上,同一含水率和击实次数下,多相土石复合介质的电阻率随着土石比的减小呈增大的趋势,这是由于随着土石比的减小,含石量增加,而岩石颗粒的导电性要小于土颗粒的导电性,因此,随着含石量的增加,电阻率增大。

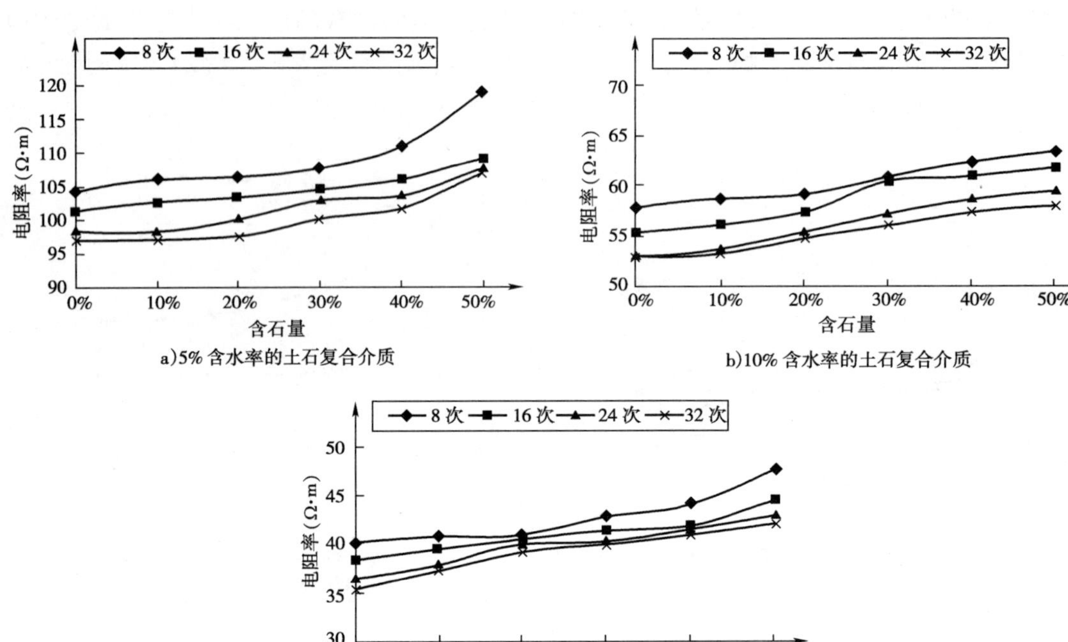

a)5% 含水率的土石复合介质

b)10% 含水率的土石复合介质

c)15% 含水率的土石复合介质

图 4.13　土石复合介质电阻率随含石量的变化关系

4.4　本章小结

本章选取了含水率、孔隙率、饱和度、击实次数、土石比等基本参数，设计两组多相土石复合介质电阻率特性试验，分析了多相土石复合介质电阻率与其含水率、孔隙率、饱和度、击实次数、土石比等基本参数的相关关系。通过以上研究可以得到如下结论：

（1）电阻率对含水率极为敏感，对于同一种土石比的土石复合介质，电阻率均随着含水率的增大而显著减小。

（2）同一土石比下，多相土石复合介质的电阻率随着孔隙率的增大呈增大的趋势。但是，当含水率较小时，电阻率随孔隙率的增大而增大的趋势更明显，这是因为含水率较大时，土体导电性能主要由孔隙水决定，孔隙率的增大对电阻率的影响相对较小。

（3）同一土石比下，多相土石复合介质的电阻率随着饱和度的增大呈减小的趋势。但是，当含水率较小时，电阻率随饱和度的增大而减小的趋势更明显，这是因为含水率较大时，土体导电性能主要由孔隙水决定，饱和度的增加导致孔隙率减小对电阻率的影响相对较小。

（4）同一土石比下，多相土石复合介质的电阻率随着击实次数的增大呈减小的趋势。但是，当含水率较小时，电阻率随饱和度的增大而减小的趋势更明显，这是因为含水率较大时，土体导电性能主要由孔隙水决定，击实次数的增加导致孔隙率减小对电阻率的影响相对较小。而且当击实次数达到一定大小之后，击实次数的增加对电阻率的影响也越不明显，基本上电阻率趋于稳定，这是因为击实次数增大到一定大小之后，土体趋于饱和，土体导电性能不再随击实次的增加而改变。

(5)同一含水率和击实次数下，多相土石复合介质的电阻率随着土石比的减小呈增大的趋势，这是由于随着土石比的减小，含石量增加，而岩石颗粒的导电性要小于土颗粒的导电性，因此随着含石量的增加，电阻率增大。

第5章　多相土石复合介质电阻率特性的理论研究

目前对于岩土体介质电阻率特性的理论研究仍然是以单纯的土体或岩石介质为研究对象，对于多相土石复合介质的电阻率特性研究在国内外还处于空白阶段，通过第4章对于多相土石复合介质电阻率特性的试验研究，表明土石复合介质的电阻率结构模型仍然是以纯土或者岩石介质电阻率结构模型为基础，相对于纯土或者岩石介质，土石复合介质相当于固体相包含了两种导电性不同的介质。因此本章在前人的纯岩石或土体介质的电阻率结构模型的基础上推导了土石复合介质电阻率结构模型，并分析了多相土石复合介质物理参数和电阻率的相关关系。

5.1　土石复合介质宏观导电结构模型

Waxman 与 Smits(1968 年)[36]通过试验研究，提出黏性土颗粒通过表面双电层的阳离子交换进行导电，将土体的电流传播假定为是同时通过土颗粒和孔隙水两条路径进行的，据此建立了非饱和土的电阻率结构模型。事实上，大量的岩土介质的电阻率结构模型都是在此基础上发展起来的，其不同点主要在于对岩体或者土体颗粒导电性的解释。

这里假定土石复合介质的电流传播仍然是由固体颗粒和孔隙水两条路径组成的，但是这里的固体成分包含土颗粒和石颗粒两种表面导电性不同的成分。因此，首先按照土颗粒和石颗粒串联和并联分别建立以下土石并联模型和土石串联模型，如图5.1所示。

在图5.1中，假定边长为1的土石混合体的立方体(即 $L=1$)，令土石复合介质的电阻率为 ρ，总电阻为 R，下面分别推导土石串联和土石并联的电阻率结构模型，电流沿竖直方向传播。

5.1.1　土石串联电阻率结构模型

在图5.1a)中，根据电阻率的定义及欧姆定律，可得以下关系式：

$$R=\rho \tag{5.1}$$

$$R_w=\frac{\rho_w}{l_w} \tag{5.2}$$

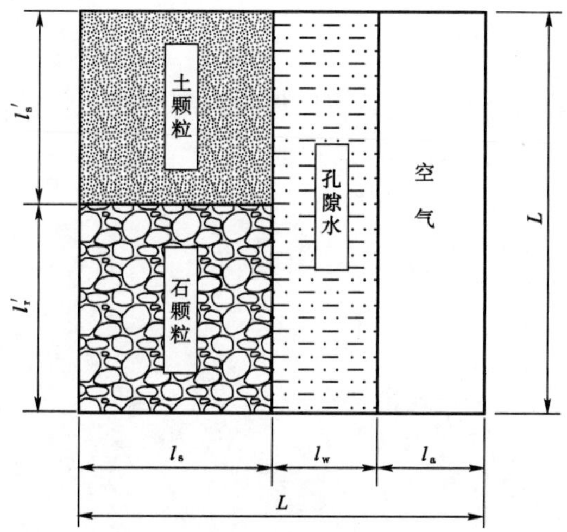

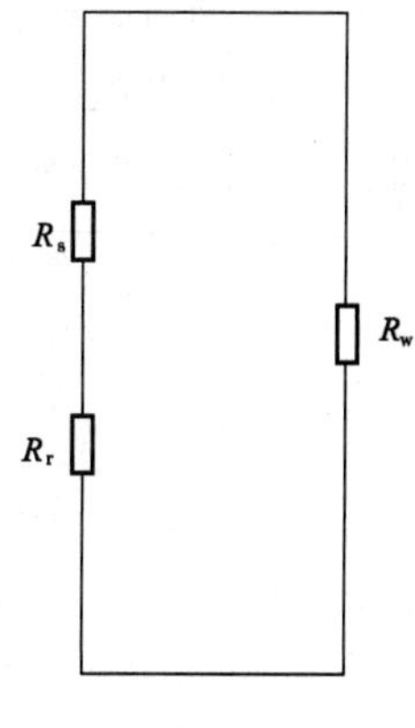

a) 土石串联模型

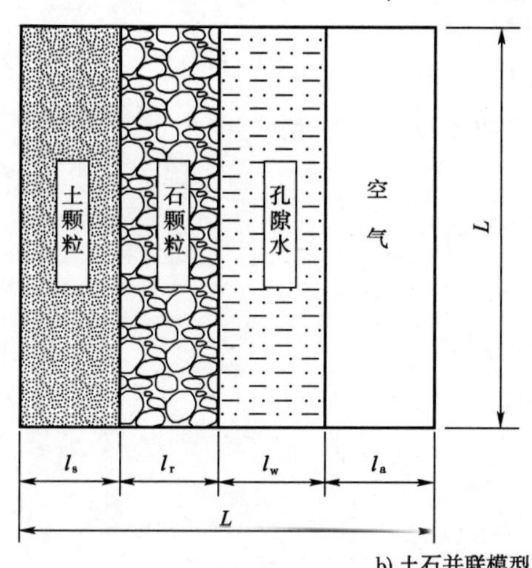

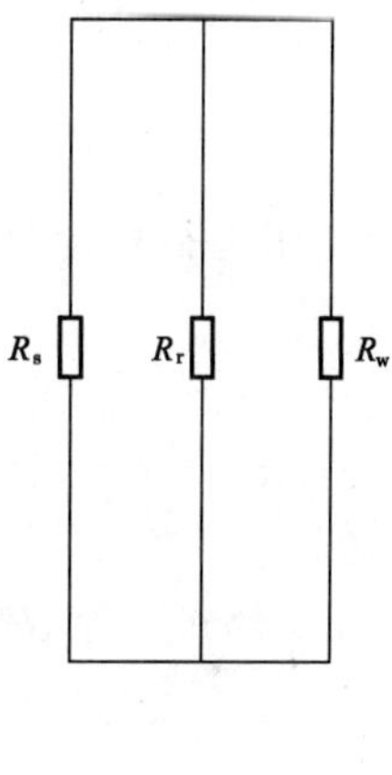

b) 土石并联模型

图 5.1 多相土石复合介质电阻率结构模型

$$R_s = \frac{\rho_s l'_s}{l_s} \tag{5.3}$$

$$R_r = \frac{\rho_r l'_r}{l_s} \tag{5.4}$$

$$\frac{1}{R} = \frac{1}{R_s + R_r} + \frac{1}{R_w} \tag{5.5}$$

式中：R——总电阻；

R_w——孔隙水的电阻；

R_s——土颗粒的电阻；

R_r——石颗粒的电阻；

ρ——土石复合介质的电阻率；

ρ_w——孔隙水的电阻率；

ρ_s——土颗粒的电阻率；

ρ_r——石颗粒的电阻率。

同时，根据土石复合介质的三相物理指标的关系可以得到以下关系式：

$$l_s + l_w + l_a = L = 1 \tag{5.6}$$

$$l_w + l_a = nL = n \tag{5.7}$$

$$\frac{l'_s}{l'_r} = f \tag{5.8}$$

$$l'_s + l'_r = L = 1 \tag{5.9}$$

$$\frac{l_w}{l_w + l_a} = S_r \tag{5.10}$$

式中：n——孔隙率；

f——土石体积比；

S_r——饱和度。

综合以上式(5.1)～式(5.10)可得：

$$\rho = \left[\frac{(1-n)(1+f)}{f\rho_s + \rho_r} + \frac{nS_r}{\rho_w}\right]^{-1} \tag{5.11}$$

另外，对于多相土石复合介质：

$$S_r = \frac{w\gamma_{de}}{e\gamma_w} \tag{5.12}$$

式中：w——含水率；

e——孔隙比；

γ_{de}——土石复合介质等效颗粒密度，可按下式计算：

$$\gamma_{de} = \frac{f\gamma_s + \gamma_r}{f+1} \tag{5.13}$$

式中：γ_s——土颗粒密度；

γ_r——石颗粒密度。

同时将孔隙比表达为孔隙率：

$$e = \frac{n}{1-n} \tag{5.14}$$

那么，将式(5.13)、式(5.14)带入式(5.12)中，可得：

$$S_r = \frac{w(1-n)(f\gamma_s + \gamma_r)}{n(1+f)\gamma_w} \tag{5.15}$$

将式(5.15)代入式(5.11)中，可得土石串联时的电阻率结构模型为：

$$\rho = \frac{1+f}{1-n}\left[\frac{(1+f)^2}{f\rho_s + \rho_r} + \frac{(f\gamma_s + \gamma_r)w}{\gamma_w \rho_w}\right]^{-1} \tag{5.16}$$

5.1.2 土石并联电阻率结构模型

在图5.1b)中，根据电阻率的定义及欧姆定律可得以下关系式：

$$R = \rho \tag{5.17}$$

$$R_w = \frac{\rho_w}{l_w} \tag{5.18}$$

$$R_s = \frac{\rho_s}{l_s} \tag{5.19}$$

$$R_r = \frac{\rho_r}{l_s} \tag{5.20}$$

$$\frac{1}{R} = \frac{1}{R_s} + \frac{1}{R_r} + \frac{1}{R_w} \tag{5.21}$$

同时,根据土石复合介质的三相物理指标的关系可以得到以下关系式:

$$l_s + l_r + l_w + l_a = L = 1 \tag{5.22}$$

$$l_w + l_a = nL = n \tag{5.23}$$

$$\frac{l_s}{l_r} = f \tag{5.24}$$

$$\frac{l_w}{l_w + l_a} = S_r \tag{5.25}$$

综合以上式(5.17)~式(5.25)可得:

$$\rho = \left[\frac{1-n}{1+f}\left(\frac{f}{\rho_s} + \frac{1}{\rho_r}\right) + \frac{nS_r}{\rho_w}\right]^{-1} \tag{5.26}$$

同理,将式(5.15)代入式(5.26)可得土石并联时的电阻率结构模型为:

$$\rho = \frac{1+f}{1-n}\left[\frac{f}{\rho_s} + \frac{1}{\rho_r} + \frac{(f\gamma_s + \gamma_r)w}{\gamma_w \rho_w}\right]^{-1} \tag{5.27}$$

5.1.3 土石串联—并联混合电阻率结构模型

由于实际土石复合介质中应该同时包含土石串联部分和土石并联部分,设土石并联模型所占比例为ξ,并定义ξ为土石复合介质的导电结构因子。同时假定土石串联和土石并联部分符合相同的土石复合介质三相指标的比例关系,那么土石串联—并联混合的电阻率为:

$$\rho = \frac{1}{\dfrac{1-\xi}{\rho_{串}} + \dfrac{\xi}{\rho_{并}}} \tag{5.28}$$

式中:$\rho_{串}$、$\rho_{并}$——分别由式(5.16)和式(5.27)给出。

那么,将式(5.16)、式(5.27)代入式(5.28)可得土石串联—并联混合的电阻率结构模型:

$$\rho = \frac{1+f}{1-n}\left[\frac{(1-\xi)(1+f)^2}{f\rho_s + \rho_r} + \frac{\xi(\rho_s + f\rho_r)}{\rho_s \rho_r} + \frac{(f\gamma_s + \gamma_r)w}{\gamma_w \rho_w}\right]^{-1} \tag{5.29}$$

若取导电结构因子$\xi = 0.5$,那么:

$$\rho = \frac{1+f}{1-n}\left[\frac{(1+f)^2}{2(f\rho_s + \rho_r)} + \frac{\rho_s + f\rho_r}{2\rho_s \rho_r} + \frac{(f\gamma_s + \gamma_r)w}{\gamma_w \rho_w}\right]^{-1} \tag{5.30}$$

5.2 土石颗粒电阻率的确定方法

5.2.1 土石颗粒的导电性能

上述推导的土石复合介质电阻率结构模型中包含土石颗粒的电阻率，Waxman 等人认为固体颗粒表面吸附了阳离子，而这些被吸附的阳离子可以和孔隙液体中的阳离子进行交换，因此，固体颗粒的导电性与可交换阳离子的数量有关，所以固体颗粒的电导率为：

$$\sigma_s = BQ \tag{5.31}$$

式中：B——双电层中与土颗粒表面电性相反电荷的电导率，与孔隙水的电阻率密切相关；

Q——单位土体孔隙中阳离子交换容量。

实际应用中，单位土体孔隙中阳离子交换容量往往难以准确的测量，使得该公式使用起来不方便。要准确的确定岩土体颗粒表面的导电性，需要在合理的假定基础上通过一定的试验来获得。

事实上，岩土体的电导率主要取决于孔隙水的含量和导电性以及固体颗粒表面的导电性等，Rbodes（1976 年）[152]通过室内试验给出了土体的电导率和孔隙液的电导率以及固体颗粒表面电导率的关系：

$$\sigma = a\sigma_w\theta^2 + b\sigma_w\theta + \sigma_s \tag{5.32}$$

式中：σ——土体的电导率；

σ_w——孔隙液体的电导率；

σ_s——固体颗粒的电导率；

θ——土体的体积含水率。

显然，当岩土体的含水率为 0 时，其电导率就是固体颗粒的电导率，因此，可通过配制含不同电导性孔隙水的土体，测试其电导率（电阻率），并绘制土体电导率和孔隙水电导率的关系曲线，该曲线在土体电导率轴上的截距就是固体颗粒的电导性。

5.2.2 土颗粒导电性的试验研究

在本章试验用的土石料中，对粒径小于 5mm 的土料，选取了 5 种不同导电性能的水，如表 5.1 所示。

不同孔隙水的导电性　　表 5.1

类别	蒸馏水	自来水	含 2.5% NaCl 溶液	含 5% NaCl 溶液	含 7.5% NaCl 溶液
电导率（s/m）	0.002 9	0.075	0.67	2.25	9.35

分别配置了不同体积含水率的土体，通过测试土体的电阻，并计算电导率，拟合了土体电导率和孔隙水电导率的关系，如图 5.2 所示。

通过图 5.2 可得到土颗粒的电导率在 0.001 7 ~ 0.003 3s/m 之间变化，这里取平均值 0.002 5s/m 作为土颗粒的电导率，因此相应土颗粒的电阻率为：

$$\rho_s = \frac{1}{\sigma_s} = \frac{1}{0.002\ 5} = 400\Omega \cdot \text{m} \tag{5.33}$$

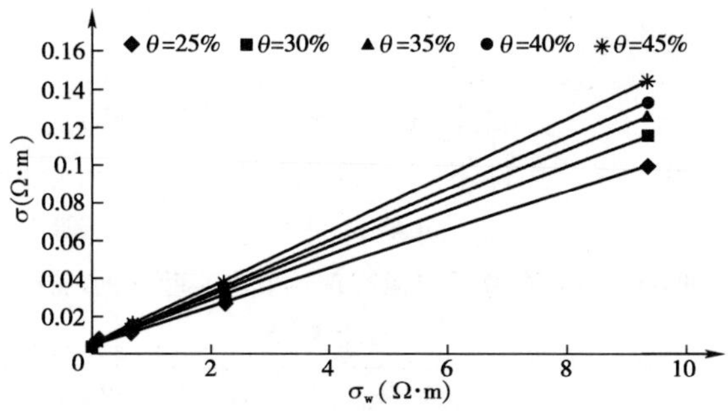

图 5.2 孔隙液电导率与细颗粒土的电导率的关系

5.2.3 石颗粒导电性的试验研究

同样,对粒径大于 5mm 的土料,按表 5.1 中的不同孔隙液分别配置了不同体积含水率的土体,通过测试土体的电阻,并计算电导率,拟合了土体电导率和孔隙水电导率的关系,如图 5.3 所示。

通过图 5.3 可得到石颗粒的电导率在 0.001 5 ~ 0.002 3s/m 之间变化,这里取平均值 0.001 9s/m 作为石颗粒的电导率,因此,相应石颗粒的电阻率为:

$$\rho_s = \frac{1}{\sigma_s} = \frac{1}{0.001\,9} = 526\Omega \cdot \text{m} \tag{5.34}$$

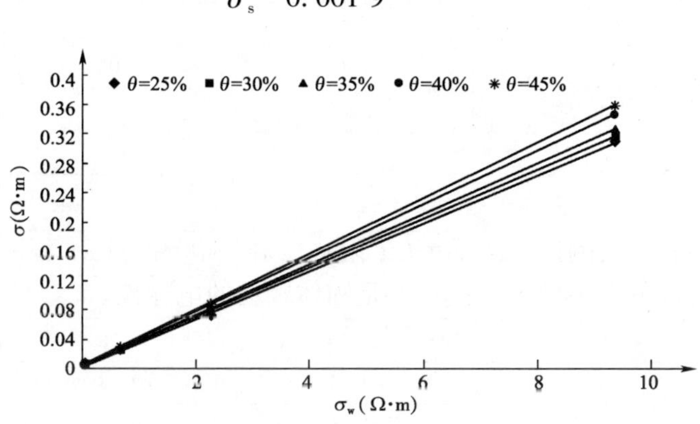

图 5.3 孔隙液电导率与粗颗粒土的电导率的关系

5.3 多相土石复合介质电阻率结构模型的试验验证

5.3.1 试验设计

为了验证第 5.1 节推导的多相土石复合介质电阻率结构模型的可靠性,采用 4.2.4 第一类试验方法:配置不同土石比的土石混合料(以 5mm 作为土石的界限粒径),通过电动重型击实仪制作标准的击实试件(5 层 56 击,ϕ15.2cm × 11.6cm),测试击实试件的电阻率;然后本节利用式(5.30)计算各击实试件的电阻率,并和试验测试的电阻率值进行对比。

5.3.2 试验结果及分析

对不同含水率下各个土石击实试件的电阻率实验值和理论值进行统计分析,如表5.2所示。通过表5.2可以看出,对于几种不同土石比情况下,各个试件的电阻率试验值和理论值相差不大,一般绝对误差小于5Ω·m,而相对误差小于10%,满足工程测试要求。

多相土石复合介质电阻率理论值与实验值的对比　　表5.2

a)土石比5∶5

含水率(%)	电阻率试验值(Ω·m)	电阻率理论值(Ω·m)	绝对误差(Ω·m)	相对误差(%)
7.42	73.10	70.57	2.53	3.59
8.69	69.19	65.71	3.48	5.30
11.43	48.50	52.87	4.37	8.26
13.61	45.90	46.04	0.14	0.31
14.95	43.91	43.05	0.86	1.99
17.51	41.41	38.53	2.88	7.47

b)土石比6∶4

含水率(%)	电阻率试验值(Ω·m)	电阻率理论值(Ω·m)	绝对误差(Ω·m)	相对误差(%)
7.55	67.55	68.73	1.18	1.71
9.05	54.32	57.86	3.54	6.11
11.22	50.52	47.60	2.92	6.13
13.58	40.08	41.11	1.03	2.50
15.04	34.25	37.66	3.41	9.07
17.68	32.64	33.70	1.06	3.15

c)土石比7∶3

含水率(%)	电阻率试验值(Ω·m)	电阻率理论值(Ω·m)	绝对误差(Ω·m)	相对误差(%)
7.87	69.54	66.60	2.94	4.42
9.78	55.52	55.24	0.28	0.51
11.53	49.33	47.15	2.18	4.61
13.71	39.55	40.39	0.84	2.07
14.87	37.54	38.17	0.63	1.65
16.97	31.58	34.65	3.07	8.85

d)土石比8∶2

含水率(%)	电阻率试验值(Ω·m)	电阻率理论值(Ω·m)	绝对误差(Ω·m)	相对误差(%)
8.05	69.21	65.23	3.98	6.11
9.87	51.19	53.96	2.77	5.14
11.25	49.55	47.61	1.94	4.08
14.08	37.29	38.96	1.67	4.29
16.27	31.91	34.53	2.62	7.59
18.12	31.41	32.13	0.72	2.23

e)土石比 9：1　　　　续上表

含水率(%)	电阻率试验值(Ω·m)	电阻率理论值(Ω·m)	绝对误差(Ω·m)	相对误差(%)
7.45	76.34	73.11	3.23	4.42
8.69	62.19	62.35	0.16	0.26
11.07	48.54	49.54	1.00	2.02
12.51	45.90	44.65	1.25	2.80
13.95	43.91	42.28	1.63	3.86
17.85	35.12	34.71	0.41	1.17

f)纯土介质

含水率(%)	电阻率试验值(Ω·m)	电阻率理论值(Ω·m)	绝对误差(Ω·m)	相对误差(%)
7.05	73.80	77.73	3.93	5.06
8.04	69.19	68.56	0.63	0.92
11.99	45.70	47.49	1.79	3.77
14.51	38.90	39.58	0.68	1.73
16.95	34.85	34.64	0.21	0.60
18.44	30.41	32.56	2.15	6.60

通过表5.2中的数据，可以得出不同土石比条件下，各个试件的电阻率测试值和理论值随含水率变化的关系，如图5.4所示。由图5.4可以看出，在不同土石比条件下，各个击实试件的电阻率理论值和实验测试值基本上比较接近，而且一般情况下，含水率越大，理论值和实验值吻合的效果越好，总体来说，公式(5.30)能够满足多相土石复合介质电阻率理论测试要求。

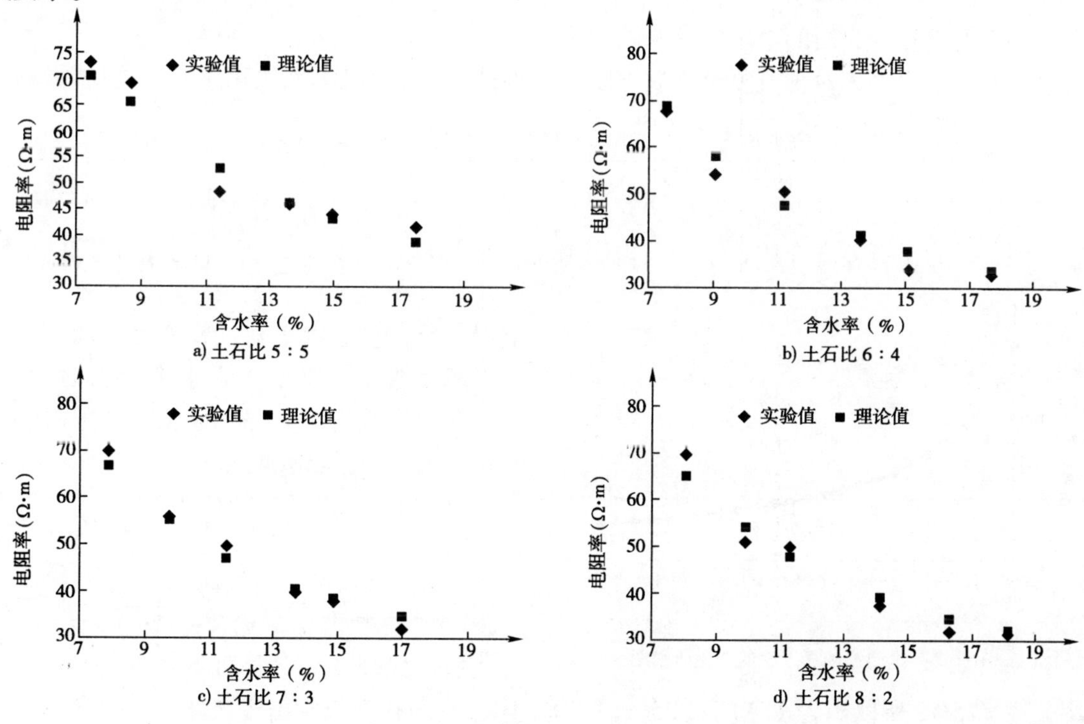

图　5.4

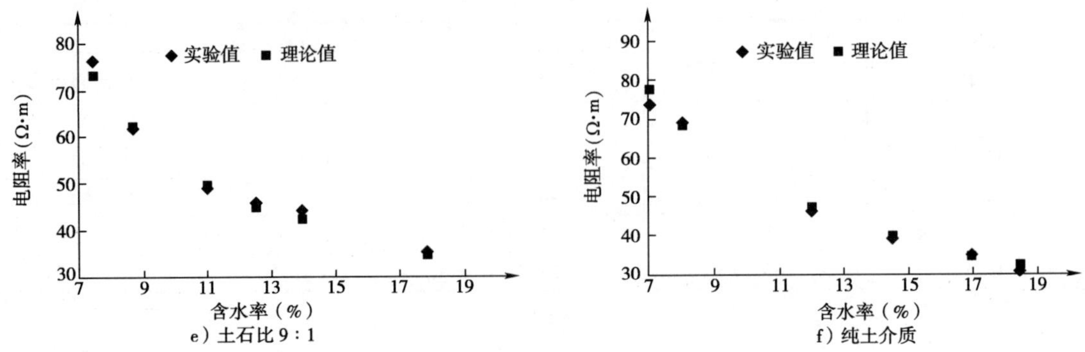

图5.4 多相土石复合介质电阻率理论值与实验值的对比

5.4 土石复合介质电阻率的影响因素分析

由式(5.30)可知,当不考虑土、石颗粒本身的影响时,土石复合介质电阻率特性主要受含水率、孔隙率和土石比的影响。以某土石复合介质为例,取 $\rho_s = 400\Omega \cdot m$,$\rho_r = 526\Omega \cdot m$,$\rho_w = 11.2\Omega \cdot m$,土颗粒密度 $\gamma_s = 2.52g/cm^3$,石颗粒密度 $\gamma_r = 2.68g/cm^3$,水的密度 $\gamma_w = 1.00g/cm^3$,分析含水率 w、孔隙率 n、土石比 f 对电阻率的影响。

5.4.1 含水率对土石复合介质电阻率特性的影响

首先在式(5.30)中,由于相对于孔隙水的电阻率,固体颗粒的电阻率相对较大,因此,含水率对于土石复合介质的电阻率的影响较大。

为了考察含水率对土石复合介质电阻率特性的影响,固定土石体积比 $f=4$,孔隙率 $n=0.4$,那么将以上土石参数代入式(5.30)可得:

$$\rho = \frac{1\,000}{0.787 + 89w} \tag{5.35}$$

图5.5为土石复合介质含水率与电阻率的关系曲线。可以看出,土石复合介质的电阻率随含水率的增大而减小,当含水率增大一定程度后,电阻率随含水率增大而减小的趋势逐渐变缓。这是由于含水率增大时,孔隙水逐渐充满孔隙空间,孔隙水导电所占的比例相应增加,直至饱和。

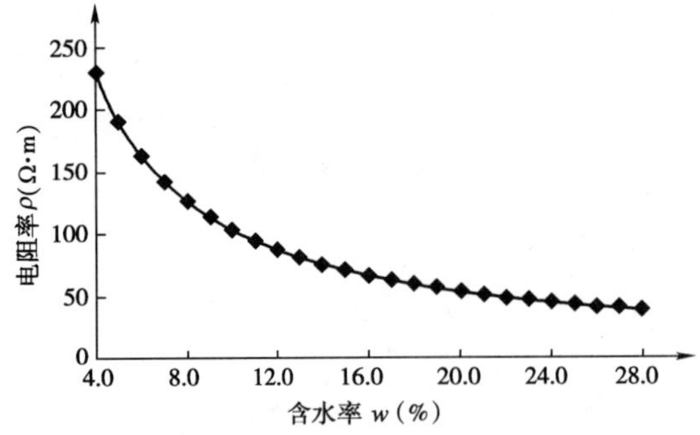

图5.5 电阻率随含水率的变化曲线图

事实上,由式(5.15)可知,由于 $S_r \leq 1$,那么可得到最大含水率:

$$w_{max} = \frac{n(1+f)\gamma_w}{(1-n)(f\gamma_s + \gamma_r)} \tag{5.36}$$

通过式(5.36)计算可得这里的最大含水率 $w_{max} = 25\%$,所以当含水率超过25%时,岩土体介质的孔隙结构已经破坏。

5.4.2 孔隙率对土石复合介质电阻率特性的影响

在式(5.30)中,固定土石比$f=4$,含水率$w=10\%$,那么将以上土石参数代入式(5.30)可得:

$$\rho=\frac{43.656}{1-n} \tag{5.37}$$

图5.6为土石复合介质孔隙率与电阻率的关系曲线,可以看出,土石复合介质的电阻率随孔隙率的增大而增大,这是因为当含水率一定时,孔隙率的增大,使得饱和度减小,孔隙水导电所占的比例相对减小。

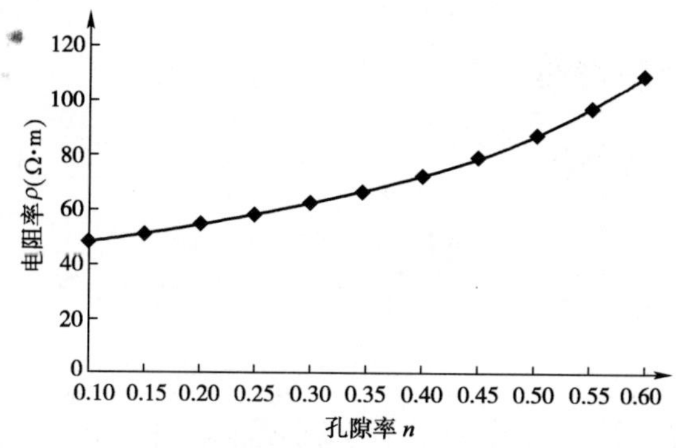

图5.6 电阻率随孔隙率的变化曲线图

5.4.3 土石比对土石复合介质电阻率特性的影响

在式(5.29)中,固定孔隙率$n=0.4$,分别计算含水率$w=5\%$、$w=10\%$两种情况下土石复合介质的电阻率随土石比的变化情况。那么,将以上土石参数代入式(5.29)中,计算不同的土石比对应的电阻率值,可得土石复合介质电阻率随土石比的变化曲线图,如图5.7所示。

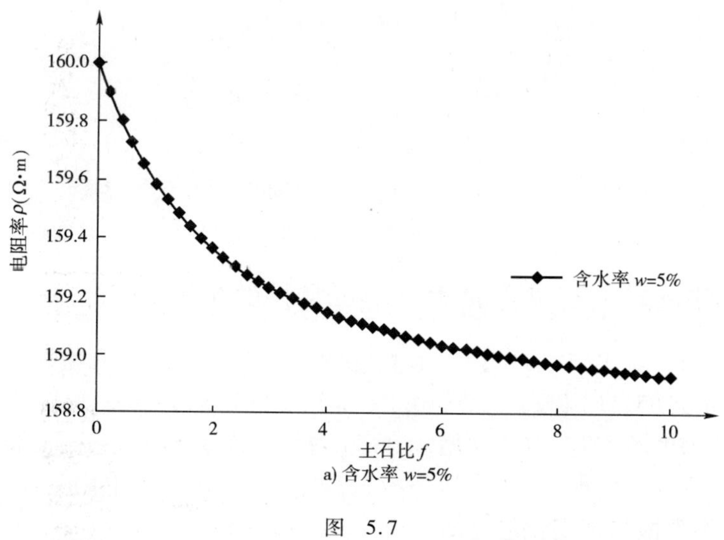

a) 含水率 w=5%

图 5.7

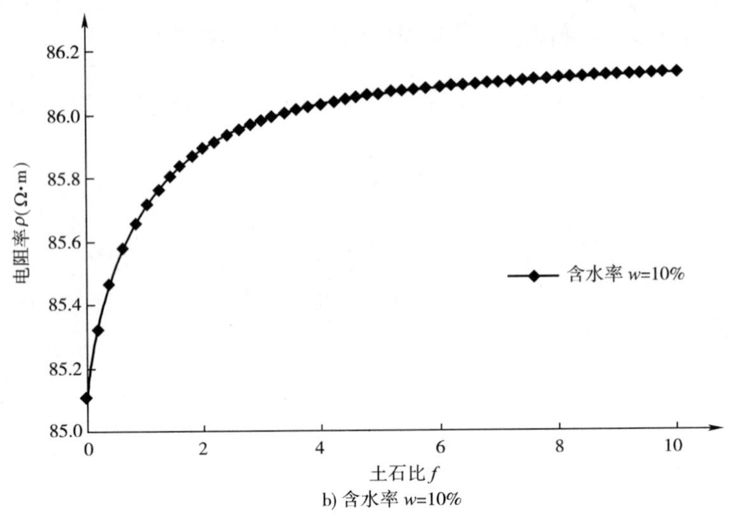

b) 含水率 w=10%

图 5.7　电阻率随土石比的变化曲线图

在图 5.7 中，显然当含水率不同时，土石复合介质的电阻率随土石比变化呈现两种不同趋势。将式(5.30)变化为：

$$\rho = \frac{1}{1-n}\left[\frac{1+f}{2(f\rho_s+\rho_r)} + \frac{\rho_s + f\rho_r}{2(1+f)\rho_s\rho_r} + \frac{(f\gamma_s+\gamma_r)w}{(1+f)\gamma_w\rho_w}\right]^{-1} \tag{5.38}$$

在式(5.38)中，前两项为土石颗粒的影响，第三项为孔隙水的影响，当土石比增大时，土颗粒成分增加，导致总的电阻率减小，在第三项中，当土石比增加时，导致总的电阻率增加，当含水率较大时，土石比增大导致孔隙水的影响占主导地位，从而使总的电阻率增加。但是总体上，土石比对于多相土石复合介质的电阻率影响相对较小。

在式(5.38)中，分别考虑两种极限情况：土石比 $f=0$ 和土石比 $f=\infty$。

(1)当土石比 $f=0$ 时，由式(5.38)可得：

$$\rho = \frac{1}{1-n}\left[\frac{1}{\rho_r} + \frac{\gamma_r w}{\gamma_w\rho_w}\right]^{-1} \tag{5.39}$$

(2)当土石比 $f=\infty$ 时，由式(5.38)可得：

$$\rho = \frac{1}{1-n}\left[\frac{1}{\rho_s} + \frac{\gamma_s w}{\gamma_w\rho_w}\right]^{-1} \tag{5.40}$$

显然，土石比由 0 变化为无穷大时，即由石颗粒向土颗粒转化时，电阻率的变化还与含水率的大小有关。

5.4.4　饱和度对土石复合介质电阻率特性的影响

当含水率不变时，由式(5.15)可知，饱和度的大小受土石复合介质的含水率、孔隙率和土石比的控制。由式(5.11)和式(5.26)可知，饱和度的增加会导致土石复合介质电阻率的减小。事实上，孔隙度不变时，饱和度增加，意味着含水率的增大，从而使整个电阻率减小；当含水率不变时，饱和度增加，意味着孔隙率的减小，从而使整个电阻率减小。图 5.8 为土石复合介质电阻率随饱和度变化趋势图。

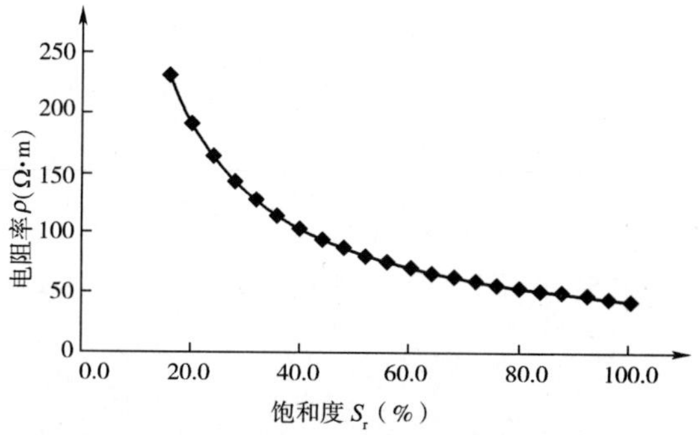

图5.8 电阻率随饱和度的变化曲线图

5.5 土石复合介质物理特征参数的电阻率反演

利用上述电阻率成像观测方法,对土石工程现场电阻率进行测试,可以获取土石工程的视电阻率分布。为了对土石工程的工程特性进行分析,这里利用第3章推导的多相土石复合介质电阻率理论模型,对土石工程结构参数进行分析。

5.5.1 含水率的电阻率反演

对于土石填方,如土石地基、土石坝、港区陆域填方等土石工程,当每一种填料的压实条件相同时,若认为初始孔隙率不变,那么,由多相土石复合介质电阻率理论模型[式(5.30)]可得到含水率的表达式为:

$$w=\frac{\gamma_w\rho_w}{f\gamma_s+\gamma_r}\left[\frac{1+f}{(1-n)\rho}-\frac{(1+f)^2}{2(f\rho_s+\rho_r)}-\frac{\rho_s+f\rho_r}{2\rho_s\rho_r}\right] \tag{5.41}$$

同时,有界限含水率:

$$w_{max}=\frac{n(1+f)\gamma_w}{(1-n)(f\gamma_s+\gamma_r)} \tag{5.42}$$

若通过电阻率反演出的$w>w_{max}$,这说明原来的孔隙结构已经发生破坏,土体重新分布。

5.5.2 孔隙率的电阻率反演

同样,对于同一填料的土石填方工程,若认为初始含水率相同,那么,由多相土石复合介质电阻率理论模型[式(5.30)]可得到孔隙率的表达式为:

$$n=1-\frac{1+f}{\rho}\left[\frac{(1+f)^2}{2(f\rho_s+\rho_r)}+\frac{\rho_s+f\rho_r}{2\rho_s\rho_r}+\frac{(f\gamma_s+\gamma_r)w}{\gamma_w\rho_w}\right]^{-1} \tag{5.43}$$

5.5.3 干密度的电阻率反演

对于多相土石复合介质,其干密度的表达式为:

$$\gamma_d=\gamma_{de}(1-n)+n\gamma_a \tag{5.44}$$

式中:γ_d——土石介质的干密度;

γ_{de}——土石复合介质的等效颗粒密度,由式(5.13)计算;

γ_a——空气的密度；

n——孔隙率。

将式(5.44)表达为：

$$n=\frac{\gamma_{de}-\gamma_d}{\gamma_{de}-\gamma_a} \tag{5.45}$$

由于 $\gamma_a << \gamma_{de}$，因此，式(5.45)可近似表达成：

$$n=1-\frac{\gamma_d}{\gamma_{de}} \tag{5.46}$$

从而将式(5.13)、式(5.46)代入式(5.43)式，可得到干密度的电阻率反演计算公式为：

$$\gamma_d=\frac{(f\gamma_s+\gamma_r)}{\rho}\left[\frac{(1+f)^2}{2(f\rho_s+\rho_r)}+\frac{\rho_s+f\rho_r}{2\rho_s\rho_r}+\frac{(f\gamma_s+\gamma_r)w}{\gamma_w\rho_w}\right]^{-1} \tag{5.47}$$

5.5.4 压实质量的电阻率反演

根据 Proctor 压实理论，采用的压实质量检测指标为：

$$K=\frac{\gamma_d}{\gamma_{md}} \tag{5.48}$$

式中：K——压实度；

γ_d——现场干密度，可由式(5.47)式给出；

γ_{md}——填料的最大干密度，它表示的是最密实状态下的干密度，事实上，最大干密度是通过击实试验时最佳含水率所对应的干密度，那么在式(5.15)中，取含水率为最佳含水率 w_m，可得：

$$n=\frac{w_m(f\gamma_s+\gamma_r)}{w_m(f\gamma_s+\gamma_r)+\gamma_w(1+f)S_{rm}} \tag{5.49}$$

式中：S_{rm}——标准击实试验中最佳含水率时对应的饱和度。

将式(5.13)、式(5.49)代入式(5.46)可得：

$$\gamma_{md}=\frac{\gamma_w(f\gamma_s+\gamma_r)S_{rm}}{w_m(f\gamma_s+\gamma_r)+\gamma_w(1+f)S_{rm}} \tag{5.50}$$

将式(5.47)、式(5.50)代入式(5.48)可得：

$$K=\frac{w_m(f\gamma_s+\gamma_r)+\gamma_w(1+f)S_{rm}}{\gamma_w\rho S_{rm}\left[\frac{(1+f)^2}{2(f\rho_s+\rho_r)}+\frac{\rho_s+f\rho_r}{2\rho_s\rho_r}+\frac{(f\gamma_s+\gamma_r)w}{\gamma_w\rho_w}\right]} \tag{5.51}$$

若令：

$$A=\frac{[w_m(f\gamma_s+\gamma_r)+\gamma_w(1+f)S_{rm}]\rho_w}{(f\gamma_s+\gamma_r)S_{rm}}$$

$$B=\frac{\frac{(1+f)^2}{2(f\rho_s+\rho_r)}+\frac{\rho_s+f\rho_r}{2\rho_s\rho_r}}{\frac{f\gamma_s+\gamma_r}{\rho_w}}$$

那么：

$$K = \frac{A}{\rho(B + w)} \tag{5.52}$$

式中：A、B——与土、石颗粒性质及土石比相关的参数，对于同一土石填料是一定的。

5.6 本章小结

本章在 Waxman 与 Smits 非饱和土电阻率结构模型的基础上，基于土石复合介质电阻率特性主要影响因素，从固体颗粒成分的组成出发，推导了多相土石复合介质电阻率结构模型，并通过试验验证了该模型的可靠性，最后根据理论公式分析了土石复合介质含水率、孔隙率、土石比和饱和度等物性参数对电阻率特性的影响。主要结论如下：

（1）土石串联时，多相土石复合介质电阻率结构模型为：

$$\rho = \frac{1+f}{1-n}\left[\frac{(1+f)^2}{f\rho_s+\rho_r} + \frac{(f\gamma_s+\gamma_r)w}{\gamma_w\rho_w}\right]^{-1}$$

（2）土石并联时，多相土石复合介质电阻率结构模型为：

$$\rho = \frac{1+f}{1-n}\left[\frac{f}{\rho_s} + \frac{1}{\rho_r} + \frac{(f\gamma_s+\gamma_r)w}{\gamma_w\rho_w}\right]^{-1}$$

（3）土石串联—并联混合时，多相土石复合介质电阻率结构模型为：

$$\rho = \frac{1+f}{1-n}\left[\frac{(1-\xi)(1+f)^2}{f\rho_s+\rho_r} + \frac{\xi(\rho_s+f\rho_r)}{\rho_s\rho_r} + \frac{(f\gamma_s+\gamma_r)w}{\gamma_w\rho_w}\right]^{-1}$$

若取导电结构因子 $\xi = 0.5$，那么：

$$\rho = \frac{1+f}{1-n}\left[\frac{(1+f)^2}{2(f\rho_s+\rho_r)} + \frac{\rho_s+f\rho_r}{2\rho_s\rho_r} + \frac{(f\gamma_s+\gamma_r)w}{\gamma_w\rho_w}\right]^{-1}$$

（4）当土石颗粒本身的成分不变时，影响土石复合介质电阻率特性的主要因素有含水率、孔隙率、土石比三个因素，其敏感程度从大到小依次为含水率、孔隙率和土石比。从理论上来讲，土石复合介质的电阻率随含水率的增大而减小，当含水率增大到一定程度时，介质达到饱和状态，此时是理论上最小的电阻率，如果电阻率进一步发生变化，说明孔隙结构发生改变；当含水率不变时，土石复合介质孔隙率的增大导致饱和度减小，电阻率随之增大；随着含水率的不同，土石比对多相土石复合介质电阻率特性的影响有所不同，当含水率较小时，其电阻率随土石比的增大而减小；而当含水率较大时，其电阻率随土石比的增大而增大，但是总体上，土石比对土石复合介质电阻率特性的影响相对较小。

（5）对于土石填方，如土石地基、土石坝、港区陆域填方等土石工程，当每一种填料的压实条件相同时，若认为初始孔隙率不变，那么，利用电阻率反演含水率的表达式为：

$$w = \frac{\gamma_w\rho_w}{f\gamma_s+\gamma_r}\left[\frac{1+f}{(1-n)\rho} - \frac{(1+f)^2}{2(f\rho_s+\rho_r)} - \frac{\rho_s+f\rho_r}{2\rho_s\rho_r}\right]$$

同时，有界限含水率：

$$w_{max} = \frac{n(1+f)\gamma_w}{(1-n)(f\gamma_s+\gamma_r)}$$

若认为初始含水率是相同的，那么，由多相土石复合介质电阻率理论模型可得到孔隙率的表达式为：

$$n = 1 - \frac{1+f}{\rho}\left[\frac{(1+f)^2}{2(f\rho_s+\rho_r)} + \frac{\rho_s + f\rho_r}{2\rho_s\rho_r} + \frac{(f\gamma_s+\gamma_r)w}{\gamma_w\rho_w}\right]^{-1}$$

同时,在含水率一定的情况下,可得到干密度的电阻率反演计算公式为:

$$\gamma_d = \frac{(f\gamma_s+\gamma_r)}{\rho}\left[\frac{(1+f)^2}{2(f\rho_s+\rho_r)} + \frac{\rho_s + f\rho_r}{2\rho_s\rho_r} + \frac{(f\gamma_s+\gamma_r)w}{\gamma_w\rho_w}\right]^{-1}$$

(6)基于电阻率测试反演土石填方地基压实质量的公式可表达为:

$$K = \frac{A}{\rho(B+w)}$$

式中:A、B——与土、石颗粒性质及土石比相关的参数,对于同一土石填料是一定的。

第6章　多相土石复合介质电阻率特性的应用研究

6.1　概述

土石复合介质具有填筑密度大、压实性能好、透水性强、承载能力高强、沉降变形小等优点,是一种工程性能良好的优质填料,被广泛应用于土石堤坝、土石地基、港口陆域填方等水利工程中,特别是在我国西部山区,河流纵横,各类水工建筑物密布,由于受到地形地貌的限制,许多土石填方都以土石混合料作为填筑材料。而随着科学技术的发展,近年来,随着地球物理勘探方法在岩土工程中的不断普及,电阻率测试技术作为一种最为常用的物探方法,被广泛应用于各类土石工程的隐患检测和质量评价中。由于土石介质的电阻率与其结构性参数息息相关,因此,在水利工程中,电阻率测试技术应用于各种土石填方的健康诊断和质量评价具有显著的效果。

但是对于多相土石复合介质的电阻率理论研究较少,而且电阻率成像方法应用在水利工程健康诊断和质量评价的基础性试验研究较少,目前的电阻率成像结果还只是用来定性解释异常情况,而不能针对不同的质量问题进行定量描述。

本章针对水利工程中土石填方的特点,设计两种不同类型的土石填方模型,分别利用电阻率测试技术进行渗漏诊断和压实质量评价。其一,设计不同渗漏类型的土石坝渗漏模型,通过电阻率测试方法,对土石坝中的裂缝及渗漏通道进行探测,把不同的电阻率成像结果与实际的渗漏模型进行对比,通过电阻率成像反演与渗漏相关的物理参数,从而对土石坝的渗漏情况进行诊断;其二,设计不同缺陷的土石填方地基模型,通过电阻率成像反演与土石地基压实质量相关的物理参数,对土石填方地基的压实质量进行评价。

6.2　电阻率成像现场观测实施方法研究

6.2.1　现场电阻率测试原理

电阻率现场测试的基本原理如图6.1所示。一般在现场电阻率测试时,同时布置供电电极和测量电极,在图6.1中,A、B为供电电极,M、N为测量电极。

根据点电流源在任意一点的电位表达式，可以分别写出供电电极 A、B 在测量电极 M、N 两处的电位：

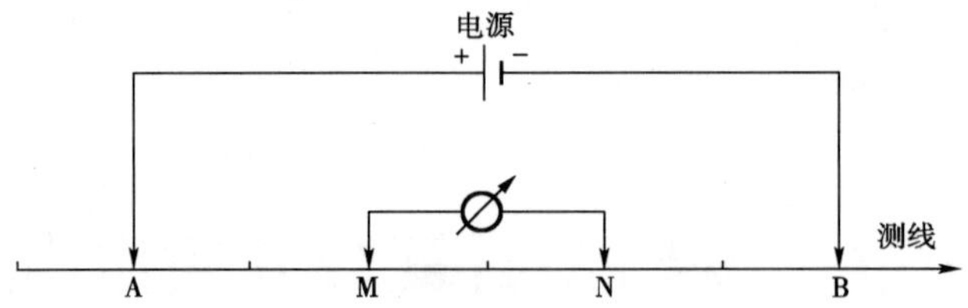

图 6.1 现场电阻率测试原理图

$$U_M^A = \frac{I\rho}{2\pi r_{AM}} \tag{6.1}$$

$$U_N^A = \frac{I\rho}{2\pi r_{AN}} \tag{6.2}$$

$$U_M^B = \frac{I\rho}{2\pi r_{BM}} \tag{6.3}$$

$$U_N^B = \frac{I\rho}{2\pi r_{BM}} \tag{6.4}$$

根据电场叠加原理，可得测量电极 M、N 间的电位差为：

$$\begin{aligned}\Delta U_{MN} &= U_M - U_M = (U_M^A + U_M^B) - (U_N^A + U_N^B) \\ &= \frac{I\rho}{2\pi}\left(\frac{1}{r_{AM}} - \frac{1}{r_{BM}} - \frac{1}{r_{AN}} + \frac{1}{r_{BN}}\right)\end{aligned} \tag{6.5}$$

由式(6.5)可得：

$$\rho = K\frac{\Delta U_{MN}}{I} \tag{6.6}$$

式中：K——装置系数，其表达式为：

$$K = 2\pi\left(\frac{1}{r_{AM}} - \frac{1}{r_{BM}} - \frac{1}{r_{AN}} + \frac{1}{r_{BN}}\right)^{-1} \tag{6.7}$$

显然，装置系数 K 的大小是由四个电极的相对位置决定的。

6.2.2 技术装置

根据上述现场电阻率测试原理可知，根据电极排列方式的不同，电阻率成像观测具有不同的技术装置。电阻率成像技术常用的装置主要有：两极装置、三极装置、联合剖面装置、对称四极装置、偶极装置以及中间梯度装置等。

(1)两极装置(AM)。两极装置是将一个供电电极和一个测量电极置于无穷远的位置，如图 6.2 所示，一般可将 B、N 电极置于 AM 连线的方向上，并且到相近测试电极的距离大于 5 倍 A、M 距离的位置。装置系数为：

$$K_{MN} = 2\pi r_{AM} \tag{6.8}$$

(2)三极装置(AMN)。三极装置是将其中一个供电电极置于无穷远处。三极装置电极布置相对较为灵活，通常取 MN 的中点为记录点，如图 6.3 所示。其装置系数为：

$$K_{AMN} = 2\pi\frac{r_{AM} \cdot r_{AN}}{r_{MN}} \tag{6.9}$$

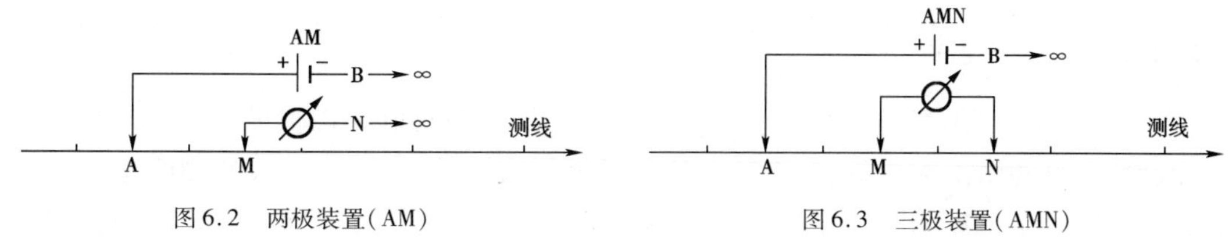

图6.2 两极装置(AM)　　图6.3 三极装置(AMN)

(3)联合剖面装置(AMN∞MNB)。联合剖面装置包含两个对称的三极装置,并将电源负极置于无穷远处,如图6.4所示。三极装置能够获取较多的地下信息,记录点仍取MN的中点。其装置系数为:

$$K_{AMN}=2\pi\frac{r_{AM}\cdot r_{AN}}{r_{MN}} \tag{6.10}$$

(4)对称四极装置(AMNB)。对称四极装置是将两个三极装置分别接入电源的正负极,如图6.5所示,$r_{AM}=r_{NB}$。对称四极装置记录点取在MN的中点,其装置系数为:

$$K_{AB}=\pi\frac{r_{AM}\cdot r_{AN}}{r_{MN}} \tag{6.11}$$

当AM = MN = NB = a时,这种对称等距排列又可称为温纳装置。显然,温纳装置的装置系数为$K_W=2\pi a$,温纳装置测试效果相对较好,在电阻率测试中应用较多。

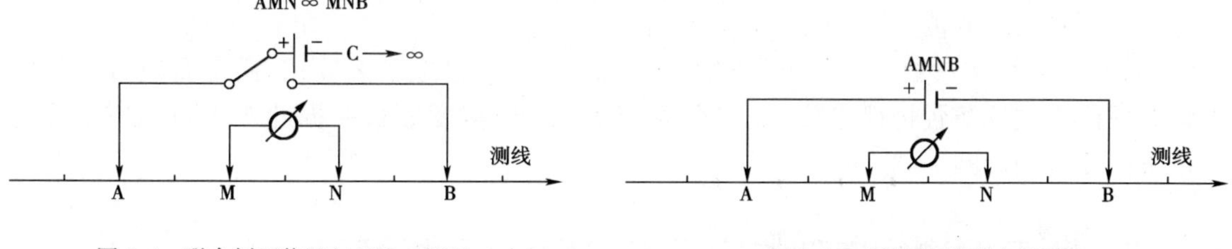

图6.4 联合剖面装置(AMN∞MNB)　　图6.5 对称四极装置(AMNB)

(5)偶极装置(ABMN)。偶极装置是指供电电极和测量电极都采取偶极布置,如图6.6所示。通常若取偶极长度AB = MN = a,那么偶极间隔BM = na,其中,n称为偶极间隔常数。偶极装置的记录点取BM的中点。其装置系数为:

$$K_{ABMN}=\pi an(n+1)(n+2) \tag{6.12}$$

(6)中间梯度装置(AMNB)。中间梯度装置是将供电电极放置在距离较远的地方,而在供电电极中段的1/3范围内逐点移动测量电极,如图6.7所示。这种装置模式记录点通常取MN的中点,由于可以同时在几条测线上观测,因此,生产效率较高。其装置系数为:

$$K=2\pi\left(\frac{1}{r_{AM}}-\frac{1}{r_{BM}}-\frac{1}{r_{AN}}+\frac{1}{r_{BN}}\right)^{-1} \tag{6.13}$$

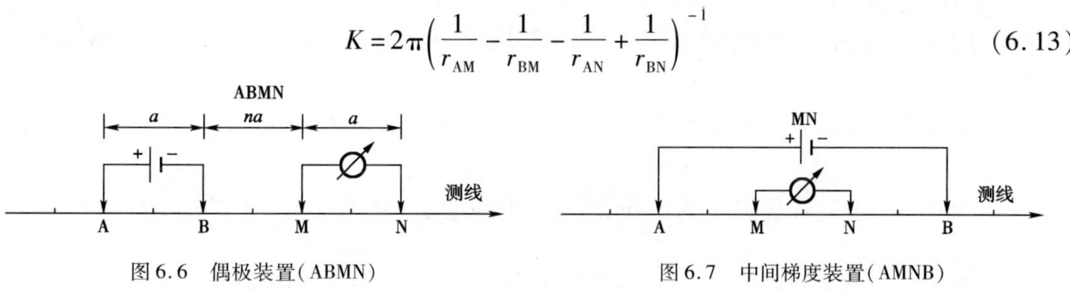

图6.6 偶极装置(ABMN)　　图6.7 中间梯度装置(AMNB)

6.2.3　实施程序

(1)测线布置。根据测试区域的尺寸进行测线布设,测线间距以保证能反映整个研究区域的物理特征分布情况为原则,过密的测线布设将增大测试工作量,过疏的测线布设使测线不能有效反映整个区域的物理参数特征。每次测试时的测线位置应保证其在空间上的对应性。在测线方向上,利用皮尺进行定位,根据合理的设计间距将电极打入一定的深度,以保证电极与土石体接触良好,然后将电极与导线连接起来。

(2)设备检测。接通外接电源,打开仪器电源开关,对电极的接触性进行检查。

(3)数据采集。根据测试的要求设置采集参数,如断面变化、电极间距、隔离数等,设置完毕后选取一种测试装置模式,开始数据采集,采集完成后,将测试的数据保存在仪器中。

(4)数据预处理。数据采集完后,将其导入计算机,进行数据预处理,主要包括滤波处理、典型坏点数据处理等。

(5)地形改正。根据测试断面的起伏特征,编辑地形曲线数据,将编辑好的曲线数据导入地电断面,进行修正。

(6)电阻率成像。采用电阻率成像正反演理论进行实测数据成像,成像处理过程中,根据结果的需要,控制反演过程。

(7)图形显示与异常分析。运用成像结果,分析异常电阻率区域,根据电阻率大小初步圈定碾压不密实区的范围。

(8)土石体结构参数反演分析。根据分析需要,提取电阻率参数,利用土石复合介质的电阻率理论模型反演各物性参数(如含水率、干密度、压实度等),并据此对土石填方工程的质量进行评价和诊断。

6.3　土石坝渗漏模型的电阻率成像诊断试验研究

6.3.1　土石坝渗漏模型设计

1)土石坝模型

采用心墙土石坝模型,如图 6.8 所示。坝体采用土石混合料填筑,土石体积比约为 7∶3,土石料最大干密度为 2.11g/cm^3,控制压实度达到 90%,坝体上、下游坡率均 1∶2,坝体中央设置砖砌心墙。

2)渗漏通道设计

针对土石坝渗漏的类型,设计了 5 种渗漏模型,分别设置了不同位置和大小的渗漏通道,如图 6.9 所示。

(1)模型 1。设置孔径大小为 8cm 的坝体渗漏通道,通道位置为(250, 50),如图 6.9a)所示。

(2)模型 2。设置孔径大小为 5cm 的坝体渗漏通道,通道位置为(250, 50),如图 6.9b)所示。

(3)模型 3。设置孔径为 5cm 的坝基渗漏通道,通道位置为(250,10),如图 6.9c)所示。

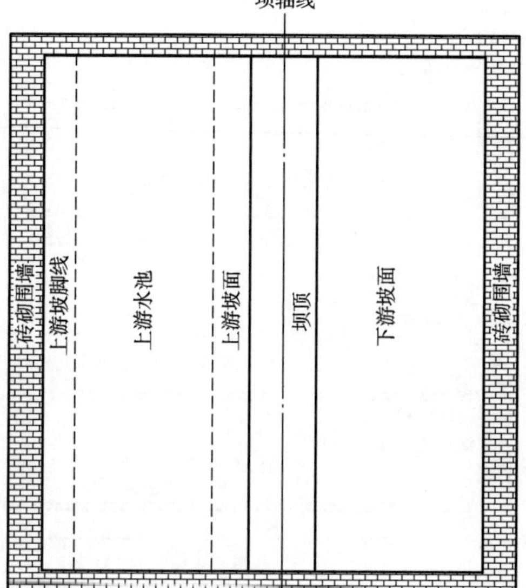

a) 土石坝模型布置平面图

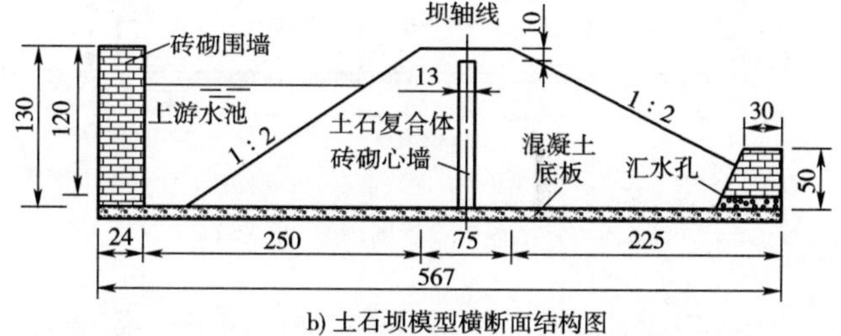

b) 土石坝模型横断面结构图

图 6.8 土石坝模型设计(尺寸单位:cm)

(4)模型 4。设置宽度为 1cm 竖向裂缝,裂缝设置在横坐标 x 为 250cm 的位置,裂缝高度为 50cm,如图 6.9d)所示。

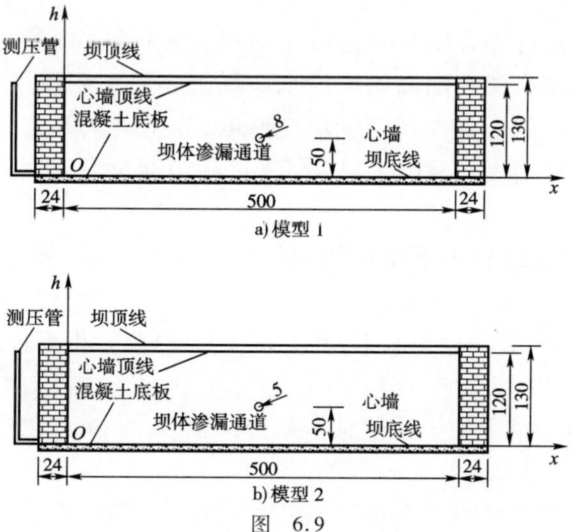

a) 模型 1

b) 模型 2

图 6.9

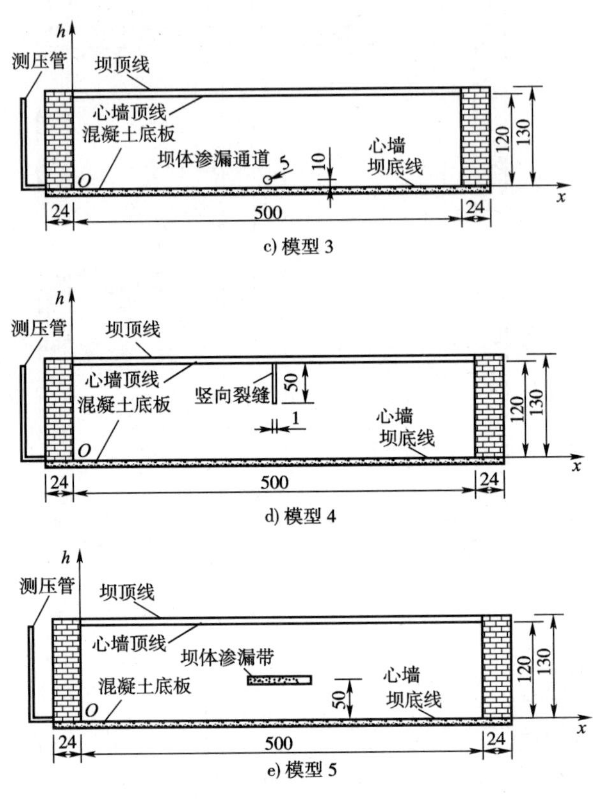

c) 模型 3

d) 模型 4

e) 模型 5

图 6.9　渗漏通道设置图(尺寸单位:cm)

(5)模型 5。设置厚度为 5cm 的为坝体渗漏带,坝体渗漏带通道宽度为 50cm,距离坝底位置为 70cm,如图 6.9e)所示。

6.3.2　土石坝渗漏模型制作

土石坝模型制作前,首先采用 C10 混凝土对模型底板铺面,采用水泥砂浆对砖砌围墙内部进行抹面处理,确保底板和围墙均不漏水。黏土心墙采用厚为 13cm 砖砌墙(双面抹灰)模拟。土石坝坝体碾压时控制每层的填筑厚度,分层碾压填筑,并且每摊铺一层,在表面洒水,要求控制坝体压实度在 90% 以上,碾压过程中通过灌水法测试压实度,如图 6.10 所示。

为了观测土石坝渗漏过程中下游坝体内的渗透水头,在坝体下游坝底面预设多根测压管。

土石坝渗漏模型中的孔洞是通过埋设在心墙上的 PVC 管来模拟的,PVC 管的两侧用纱布包起来,以免土石颗粒堵塞孔洞;

竖向裂缝是通过在心墙上相应位置预留裂缝来实现的,并且在裂缝外边缘用纱布包起来,以免土石颗粒堵塞裂缝。

坝体渗漏带是通过在坝体位置预留压实度不同的土石带来实现的。

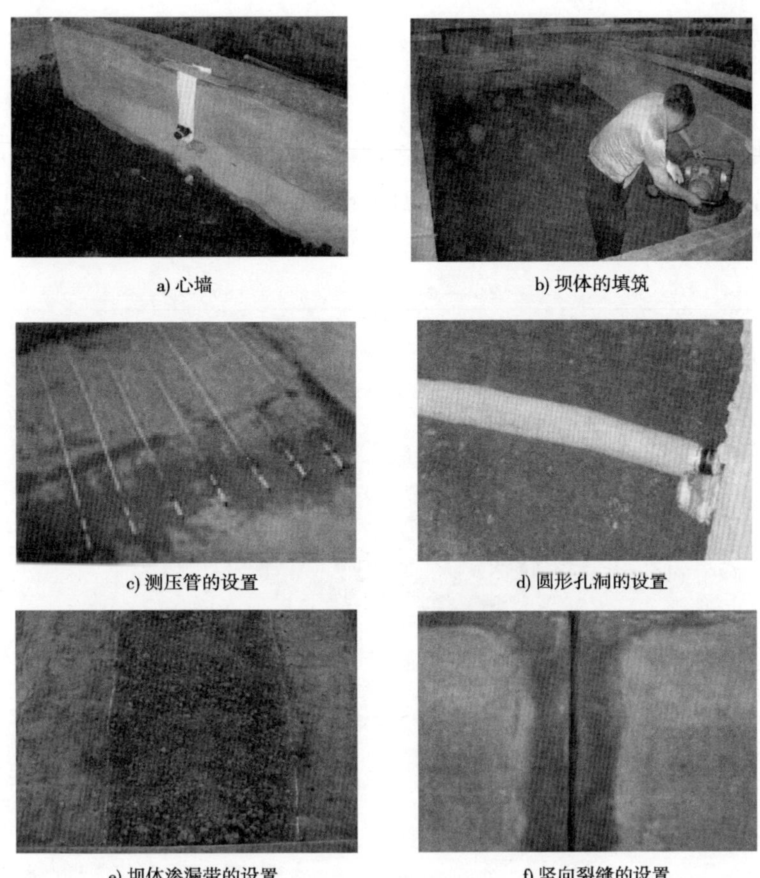

a) 心墙　　b) 坝体的填筑

c) 测压管的设置　　d) 圆形孔洞的设置

e) 坝体渗漏带的设置　　f) 竖向裂缝的设置

图6.10　土石坝渗漏模型的制作

6.3.3　模型试验的测线布置

模型试验测线布置如图6.11所示。三条测线在下游坝体位置的高程分别为1.3m、1.03m和0.7m,如图6.12所示。

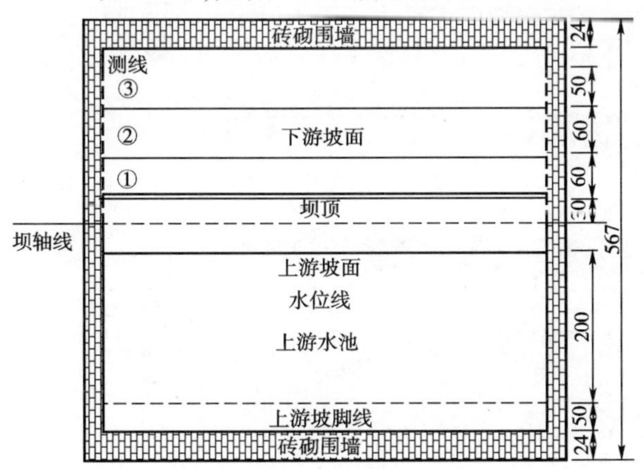

图6.11　模型试验测线布置(尺寸单位:cm)

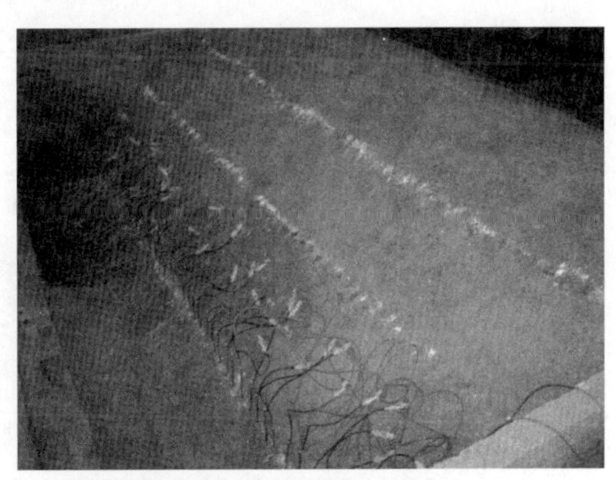

图6.12　测线照片

6.3.4 不同土石坝渗漏模型的电阻率成像结果分析

1)模型1电阻率成像

土石坝渗漏模型1设置坝体渗漏通道,通道孔径为8cm,通道位置为(250, 50),该模型温纳模式电阻率成像结果如图6.13所示,电阻率分布图中横坐标表示测线的水平位置,纵坐标表示渗漏模型的相对高程。

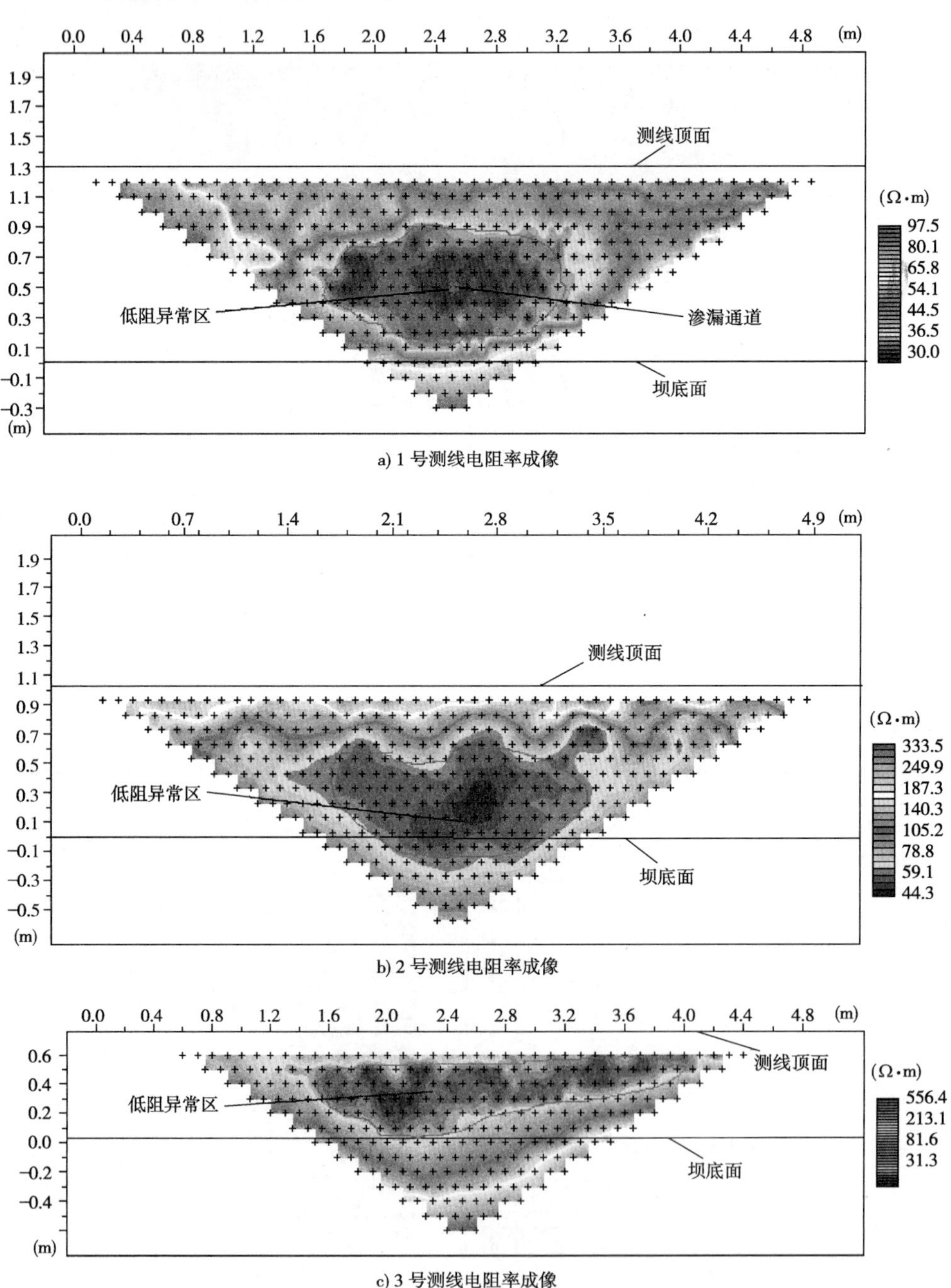

图6.13 渗漏模型1电阻率成像

由图6.13可知土石坝渗漏模型1的电阻率分布特征如下：

(1)1号测线位于坝顶位置，顶面高程为1.3m，电阻率成像拟合方差为4.5%。由于坝顶表面长时间暴露在空气中，土体相对干燥，含水率较低，电阻率分布图像上部(高程0.8～1.3m之间的位置)视电阻率相对较大，相对属于高阻异常区，其值在60～100Ω·m之间；坝体中部到坝底面，电阻率分布较为规律，自中心向四周逐渐增大，中央位置相对属于低阻异常，其值在10～60Ω·m之间，低阻异常整体范围较小，面积约0.9m^2；坝底面以下，由于是采用混凝土砌筑而成的，视电阻率值逐渐变大，其值在80～120Ω·m之间。

(2)2号测线位于坝体下游中间部位，顶面高程为1.03m，电阻率成像拟合方差为4.8%。同样，下游表面暴露在空气中，土体相对干燥，含水率较低，上部(高程为0.7～1.03m)出现高阻异常，视电阻率较大，其值在80～310Ω·m之间，呈带状分布；而在(0.3,2.5)的中心位置，视电阻率向着四周逐渐增大，呈环形规则分布，整体出现相对低阻异常，视电阻率值在20～60Ω·m之间；坝底面以下，由于是采用混凝土砌筑而成的，相对出现高阻异常，视电阻率值逐渐变大，其值在80～150Ω·m之间。

(3)3号测线位于坝体下游下部，顶面高程为0.685m，电阻率成像拟合方差为4.7%。电阻率整体分布特征和1号测线、2号测线电阻率分布特征相似，但是由于渗漏通道的位置相对3号测线较为靠上，因此，低阻异常区在电阻率分布断面上位置相对较高(高程为0.0～0.6m之间)。

对比该土石坝渗漏模型，通过上述电阻率分布特征可对电阻率成像效果进行分析：

(1)通过观测布置在土石坝外面的测压管，得到三条测线所在位置的测压管水头分别为48cm、41cm和22cm，这里的测压管水头也就是坝体内部浸润线位置，考虑毛细水头，实际水头要高于浸润线。由于坝体表面附近长期暴露在空气中，土石体的含水率较小，总体应该出现高阻异常，电阻率值较大。从坝体表面到浸润线，随着土石体的含水率逐渐增大，电阻率值应该逐渐减小，浸润线以下土石体基本处于饱和状态，含水率达到最大，出现低阻异常，电阻率值应该基本不变化。

(2)相应地，通过电阻率成像分布特征可以看出，三条测线的电阻率分布与坝体浸润线和土石体的含水率分布特征基本吻合。总体上，三条测线两端部由于电极与砖砌池壁接触或距离很小，都会出现相对高阻异常区；三条测线的电阻率分布特征都能反映坝体浸润线的趋势，浸润线以下，大部分土体处于饱和状态，含水率较高，电阻率值相对较小；而浸润线以上，土体处于相对干燥的状态，含水率较低，电阻率值相对较高；从1号测线到3号测线，各测线所在断面范围逐渐减小，渗漏范围逐渐增大，通过三条测线的电阻率成像能够相对较为准确地反映出渗漏通道的位置和大小。

2)模型2电阻率成像

土石坝渗漏模型2设置孔径大小为5cm的坝体渗漏通道，通道位置为(250,50)，该模型温纳模式电阻率成像结果如图6.14所示，电阻率分布图中横坐标表示测线的水平位置，纵坐标表示渗漏模型的相对高程。

由图6.14可知土石坝渗漏模型2的电阻率分布特征如下：

(1)1号测线位于坝顶位置，顶面高程为1.3m，电阻率成像拟合方差为4.5%。由于坝顶表面长时间暴露在空气中，土体相对干燥，含水率较低，电阻率分布图像上部(高程在

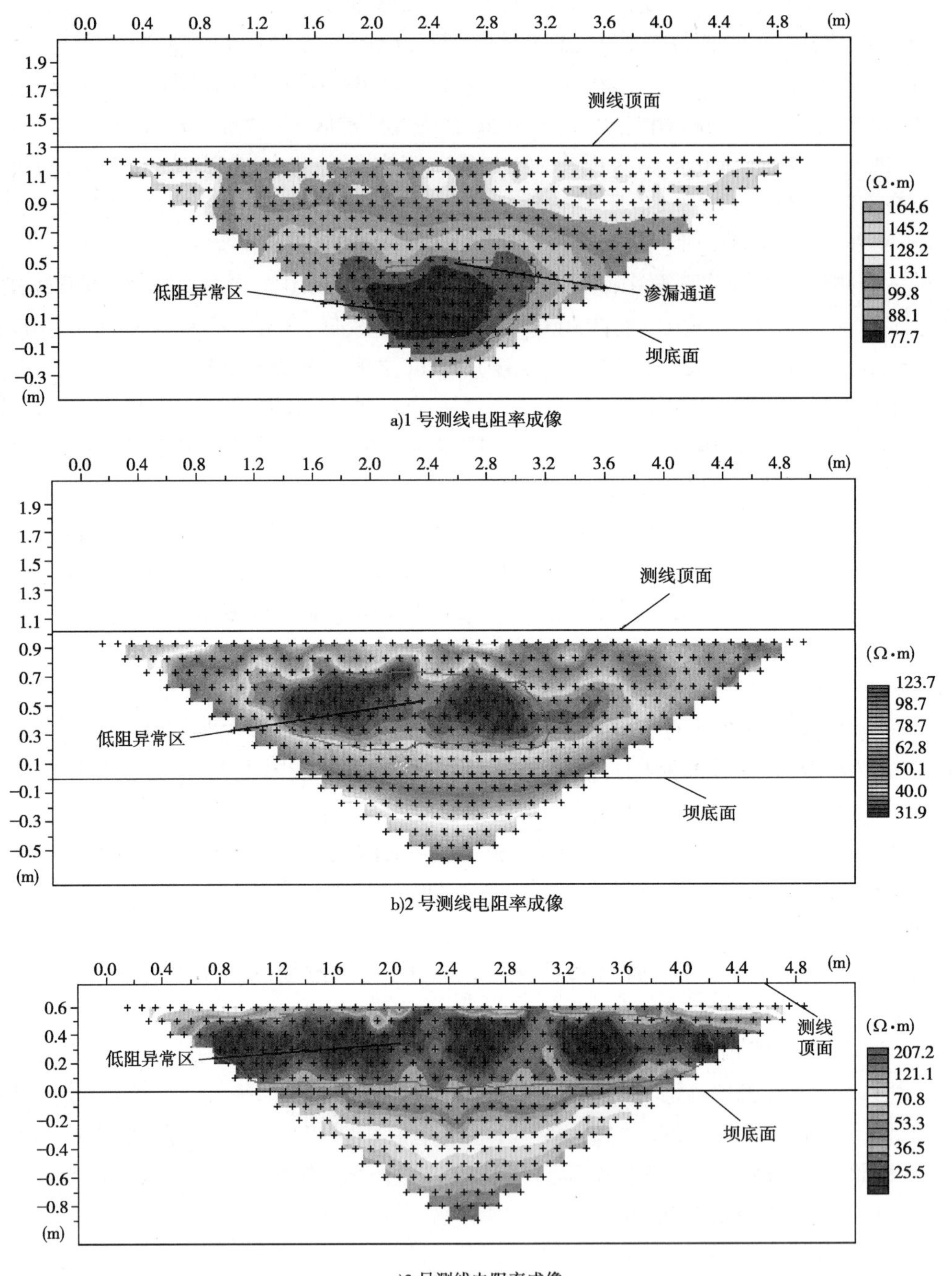

图 6.14 渗漏模型 2 电阻率成像

0.7～1.3m 之间的位置）视电阻率相对较大，相对属于高阻异常区，其值在处于 80～200Ω·m 之间，整体呈片状分布；坝体中部从高程 0.7m 直到坝底面，坝体中心位置属于低阻异常区，视电阻率值自中间向外逐渐增大，其值在 20～80Ω·m 之间，低阻异常整体范围较小，面积约 0.7m^2；坝底面以下，由于是采用混凝土砌筑而成的，视电阻率值逐渐变大，其值在 80 ~ 120Ω · m 之间。

(2)2 号测线位于坝体下游中间部位,顶面高程为 1.03m,电阻率成像拟合方差为 5.2%。同样,下游表面暴露在空气中,土体相对干燥,含水率较低,上部(高程为 0.7 ~ 1.03m)出现高阻异常,视电阻率较大,其值在 80 ~ 120Ω · m 之间,呈带状分布;而在(0.3,2.5)的中心位置,视电阻率向着四周逐渐增大,呈环形规则分布,整体出现相对低阻异常,视电阻率值在 10 ~ 60Ω · m 之间;坝底面以下,由于是采用混凝土砌筑而成的,相对出现高阻异常,视电阻率值逐渐变大,其值在 80 ~ 150Ω · m 之间。

(3)3 号测线位于坝体下游下部,顶面高程为 0.685m,电阻率成像拟合方差为4.7%。电阻率整体分布特征和 1 号测线、2 号测线电阻率分布特征相似,但是由于渗漏通道的位置相对 3 号测线较为靠上,因此,低阻异常区在电阻率分布断面上位置相对较高(高程为 0 ~ 0.6m)。

对比该土石坝渗漏模型,通过上述电阻率分布特征可对电阻率成像效果进行分析:

(1)通过观测布置在土石坝外面的测压管,得到三条测线所在位置的测压管水头分别为 46cm、36cm 和 19cm,这里的测压管水头也就是坝体内部浸润线位置,考虑毛细水头,实际水头要高于浸润线。由于坝体表面附近长期暴露在空气中,土石体的含水率较小,总体应该出现高阻异常,电阻率值较大。从坝体表面到浸润线,随着土石体的含水率逐渐增大,电阻率值应该逐渐减小,浸润线以下,土石体基本处于饱和状态,含水率达到最大,出现低阻异常,电阻率值应该基本不变化。

(2)相应地,通过电阻率成像分布特征可以看出,三条测线的电阻率分布与坝体浸润线和土石体的含水率分布特征基本吻合。总体上,三条测线两端部由于电极与砖砌池壁接触或距离很小,都会出现相对高阻异常区;三条测线的电阻率分布特征都能反映坝体浸润线的趋势,浸润线以下,大部分土体处于饱和状态,含水率较高,电阻率值相对较小;而浸润线以上,土体处于相对干燥的状态,含水率较低,电阻率值相对较高;从 1 号测线到 3 号测线,各测线所在断面范围逐渐减小,渗漏范围逐渐增大,通过三条测线的电阻率分布图像能够相对较为准确地反映出土石坝渗漏通道的位置和大小。

3)模型 3 电阻率成像

土石坝渗漏模型 3 设置孔径为 5cm 的坝基渗漏通道,通道位置为(250,10),该模型温纳模式电阻率成像结果如图 6.15 所示,电阻率分布图中,横坐标表示测线的水平位置,纵坐标表示渗漏模型的相对高程。

由图 6.15 可知土石坝渗漏模型 3 的电阻率分布特征如下:

(1)1 号测线位于坝顶位置,顶面高程为 1.3m,电阻率成像拟合方差为 4.7%。由于坝顶表面长时间暴露在空气中,土体相对干燥,含水率较低,电阻率分布图像上部(高程在 0.6 ~ 1.3m 之间的位置)视电阻率相对较大,相对属于高阻异常区,其值在 60 ~ 100Ω · m 之间,整体呈片状分布,但同时顶面局部也有相对低阻异常区;坝体中部从高程 0.6m 直到坝底面,坝体中心位置属于低阻异常区,视电阻率值自中间向外逐渐增大,中央位置相对属于低阻异常,其值在 10 ~ 60Ω · m 之间,低阻异常整体范围较小,面积约 0.8m^2;坝底面以下,由于是采用混凝土砌筑而成的,视电阻率值逐渐变大,其值在 80 ~ 120Ω · m 之间。

(2)2 号测线位于坝体下游中间部位,顶面高程为 1.03m,电阻率成像拟合方差为

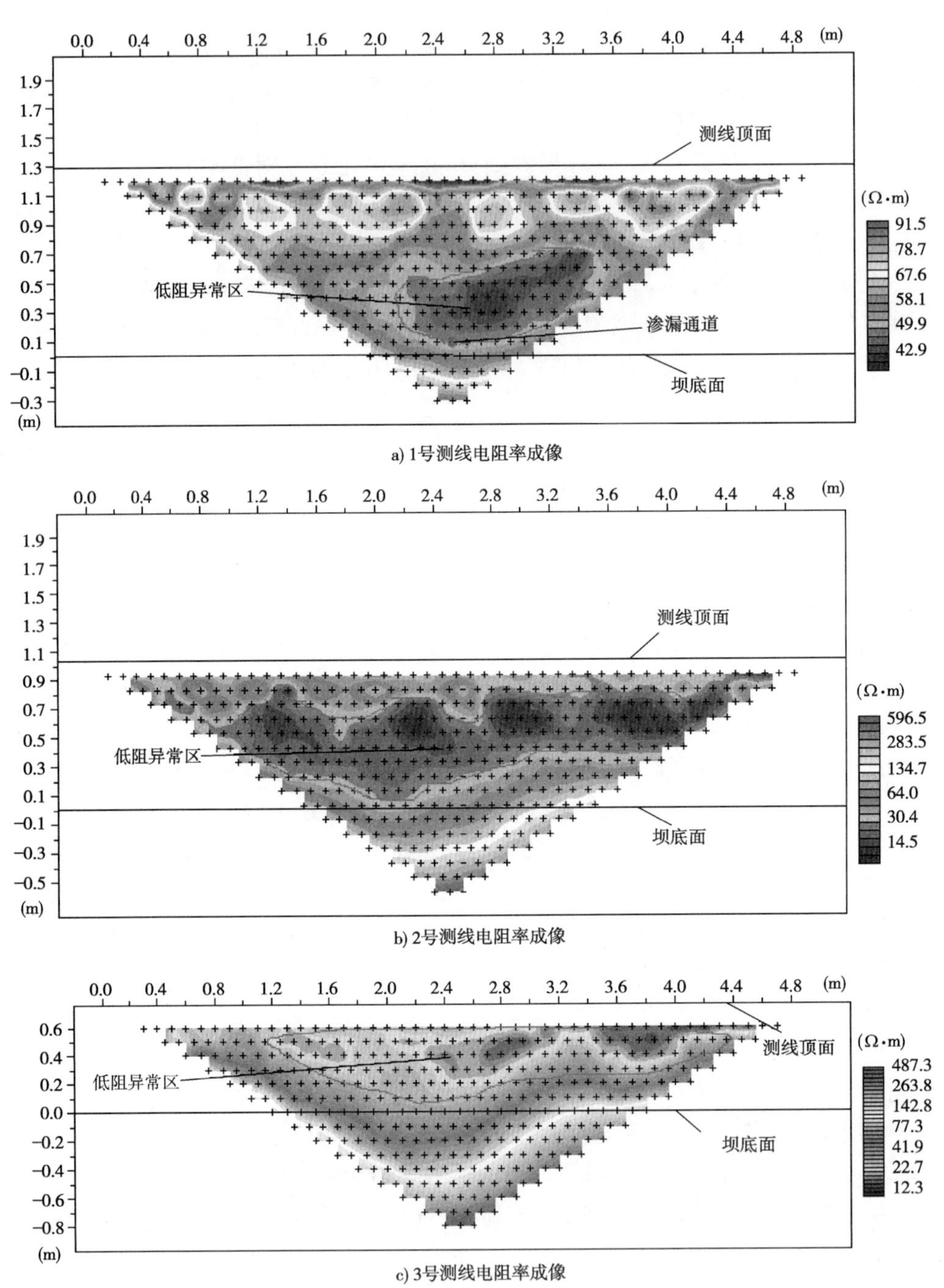

a) 1号测线电阻率成像

b) 2号测线电阻率成像

c) 3号测线电阻率成像

图 6.15　渗漏模型 3 电阻率成像

4.6%。同样,下游表面暴露在空气中,土体相对干燥,含水率较低,上部(高程为 0.7 ~ 1.03m)出现高阻异常,视电阻率较大,其值在 60 ~ 120Ω · m 之间,呈带状分布;坝体中部向下直至坝底面,电阻率呈不规则带状分布,范围较大,电阻率值从上到下逐渐减小,大小在 10 ~ 60Ω · m 之间;坝底面以下,由于是采用混凝土砌筑而成的,相对出现高阻异常,视电阻率值逐渐变大,其值在 80 ~150Ω · m 之间。

(3)3 号测线位于坝体下游下部,顶面高程为 0.685m,电阻率成像拟合方差为 5.1%。电阻率整体分布特征和 1 号测线、2 号测线电阻率分布特征相似,但是由于渗漏通道的位置相对 3 号测线较为靠上,因此,低阻异常区在电阻率分布断面上位置相对较高(高程为 0 ~0.6m)。

对比该土石坝渗漏模型,通过上述电阻率分布特征可对电阻率成像效果进行分析:

(1)通过观测布置在土石坝外面的测压管,得到三条测线所在位置的测压管水头分别为 43cm、36cm 和 18cm,这里的测压管水头也就是坝体内部浸润线位置,考虑毛细水头,实际水头要高于浸润线。由于坝体表面附近长期暴露在空气中,土石体的含水率较小,总体应该出现高阻异常,电阻率值较大。从坝体表面到浸润线,随着土石体的含水率逐渐增大,电阻率值应该逐渐减小,浸润线以下,土石体基本处于饱和状态,含水率达到最大,出现低阻异常,电阻率值应该基本不变化。

(2)相应地,通过电阻率成像分布特征,可以看出三条测线的电阻率分布与坝体浸润线和土石体的含水率分布特征基本吻合。总体上,三条测线两端部由于电极与砖砌池壁接触或距离很小,都会出现相对高阻异常区;三条测线的电阻率分布特征都能反映坝体浸润线的趋势,浸润线以下,大部分土体处于饱和状态,含水率较高,电阻率值相对较小;而浸润线以上,土体处于相对干燥的状态,含水率较低,电阻率值相对较高;从 1 号测线到 2 号测线,各测线所在断面范围逐渐减小,渗漏范围逐渐增大,通过三条测线的电阻率分布图能够相对较为准确地反映出渗漏通道的位置和大小。

4)模型 4 电阻率成像

土石坝渗漏模型 4 设置宽度为 1cm 竖向裂缝,裂缝设置在横坐标 x 为 250cm 的位置,裂缝高度为 50cm,该模型温纳模式电阻率成像结果如图 6.16 所示,电阻率分布图中,横坐标表示测线的水平位置,纵坐标表示渗漏模型的相对高程。

由图 6.16 可知土石坝渗漏模型 3 的电阻率分布特征如下:

(1)1 号测线位于坝顶位置,顶面高程为 1.3m,电阻率成像拟合方差为 3.8%。由于坝顶表面长时间暴露在空气中,土体相对干燥,含水率较低,电阻率分布图像上部(高程在 0.8 ~1.3m 之间的位置)视电阻率相对较大,相对属于高阻异常区,其值在 60 ~140Ω · m 之间,但同时顶面局部也有相对低阻异常区,总体分布极不均匀;坝体中部从高程 0.8m 直到坝底面,中央位置相对属于低阻异常,中心位于(0.3,2.5)左右,其值在 20 ~60Ω · m 之间,低阻异常整体范围较小,面积约 0.8m²;视电阻率呈较规则环状分布,范围相对较大,约 1.3m²,视电阻率值自中间向外逐渐增大,坝底面以下,由于是采用混凝土砌筑而成的,视电阻率值逐渐变大,其值在 80 ~120Ω · m 之间。

(2)2 号测线位于坝体下游中间部位,顶面高程为 1.03m,电阻率成像拟合方差为 4.4%。同样,下游表面暴露在空气中,土体相对干燥,含水率较低,上部(高程为 0.7 ~1.03m)出现高阻异常,视电阻率较大,其值在 60 ~150Ω · m 之间,呈带状分布;坝体中部向下直至坝底面,电阻率呈不规则带状分布,范围较大,面积约 1.3m²,电阻率值从上到下逐渐减小,大小在 20 ~60Ω · m 之间;坝底面以下,由于是采用混凝土砌筑而成的,相对出现高阻异常,视电阻率值逐渐变大,其值在 80 ~150Ω · m 之间。

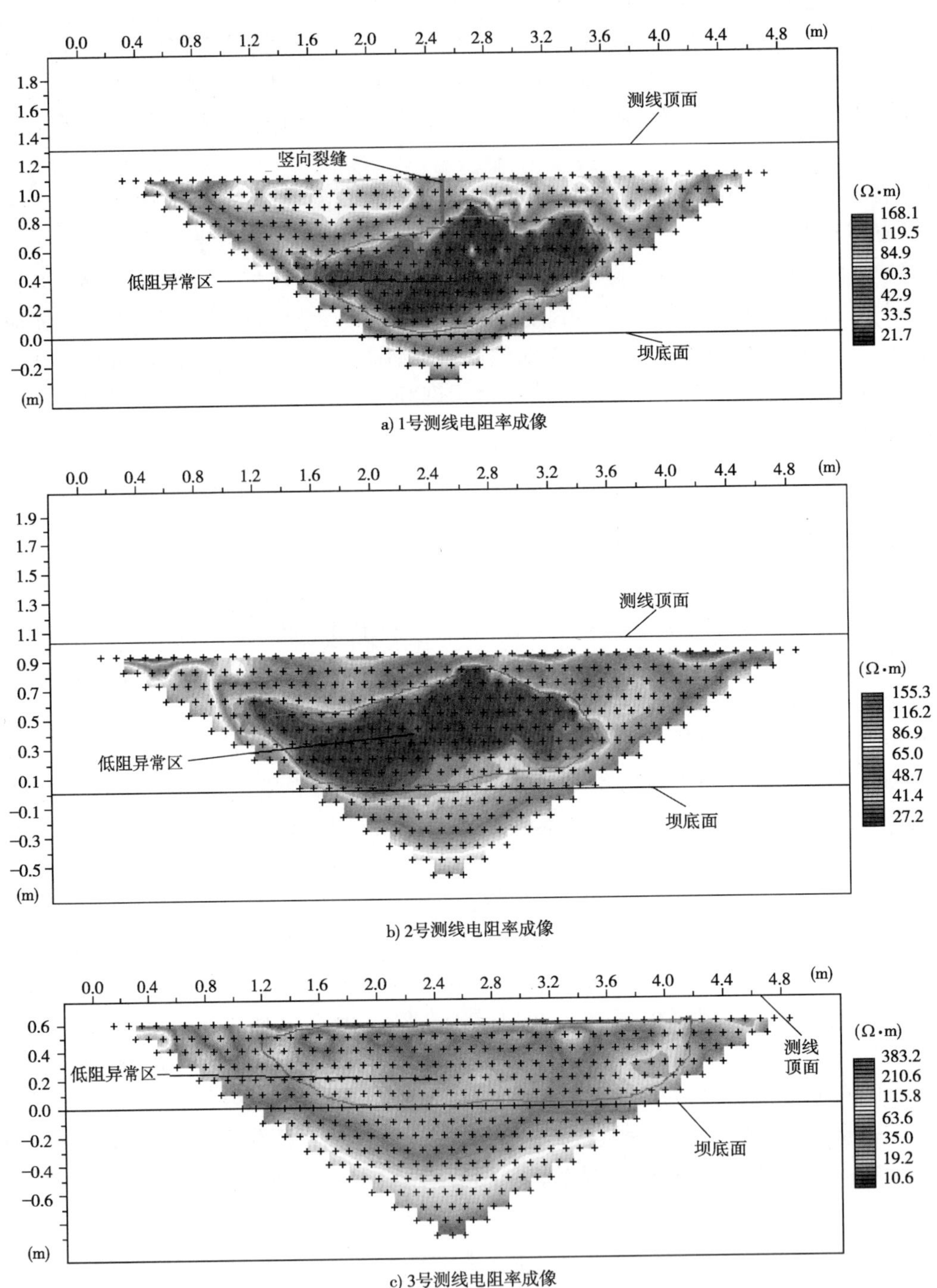

a) 1号测线电阻率成像

b) 2号测线电阻率成像

c) 3号测线电阻率成像

图 6.16　渗漏模型 4 电阻率成像

(3)3 号测线位于坝体下游下部，顶面高程为 0.685m，电阻率成像拟合方差为 4.1%。电阻率整体分布特征和 1 号测线、2 号测线电阻率分布特征相似，但是由于渗漏通道的位置相对 3 号测线较为靠上，因此，低阻异常区在电阻率分布断面上位置相对较高（高程为 0 ~ 0.6m)，坝底面以下下视电阻率从下到上逐渐减小，其值在 60 ~ 450Ω · m 之间。

对比该土石坝渗漏模型，通过上述电阻率分布特征可对电阻率成像效果进行分析：

(1)通过观测布置在土石坝外面的测压管，得到三条测线所在位置的测压管水头分别为 89cm、58cm 和 21cm，这里的测压管水头也就是坝体内部浸润线位置，考虑毛细水头，实际水头要高于浸润线。由于坝体表面附近长期暴露在空气中，土石体的含水率较小，总体应该出现高阻异常，电阻率值较大。从坝体表面到浸润线，随着土石体的含水率逐渐增大，电阻率值应该逐渐减小，浸润线以下，土石体基本处于饱和状态，含水率达到最大，出现低阻异常，电阻率值应该基本不变化。

(2)相应地，通过电阻率成像分布特征，可以看出三条测线的电阻率分布与坝体浸润线和土石体的含水率分布特征基本吻合。总体上，三条测线两端部由于电极与砖砌池壁接触或距离很小，都会出现相对高阻异常区；三条测线的电阻率分布特征都能反映坝体浸润线的趋势，浸润线以下，大部分土体处于饱和状态，含水率较高，电阻率值相对较小；而浸润线以上，土体处于相对干燥的状态，含水率较低，电阻率值相对较高；从 1 号测线到三号测线，各测线所在断面范围逐渐减小，渗漏范围逐渐增大，通过三条测线的电阻率成像能够相对较为准确地反映出渗漏通道的位置和大小。

5)模型 5 电阻率成像

土石坝渗漏模型 5 设置厚度为 5cm 的为坝体渗漏带，坝体渗漏带通道宽度为 50cm，距离坝底位置为 70cm，该模型温纳模式电阻率成像结果如图 6.17 所示，电阻率分布图中，横坐标表示测线的水平位置，纵坐标表示渗漏模型的相对高程。

由图 6.17 可知土石坝渗漏模型 3 的电阻率分布特征如下：

(1)1 号测线位于坝顶位置，顶面高程为 1.3m，电阻率成像拟合方差为 4.4%。由于坝顶表面长时间暴露在空气中，土体相对干燥，含水率较低，电阻率分布图像上部(高程在 0.75 ~ 1.3m 之间的位置)电阻率分布不均匀，总体视电阻率相对较大，相对属于高阻异常区，其值在 100 ~ 250Ω · m 之间，面积约 1.3m^2，范围较大，但同时顶面局部也有相对低阻异常区；坝体中部从高程 0.75m 直到坝底面，视电阻率呈带分布，视电阻率相对属于低阻异常，其值在 20 ~ 60Ω · m 之间；坝底面以下，由于是采用混凝土砌筑而成的，视电阻率值逐渐变大，其值在 80 ~ 120Ω · m 之间。

(2)2 号测线位于坝体下游中间部位，顶面高程为 1.03m，电阻率成像拟合方差为 4.4%。同样，下游表面暴露在空气中，土体相对干燥，含水率较低，上部(高程为 0.76 ~ 1.03m)出现高阻异常，视电阻率较大，其值在 60 ~ 150Ω · m 之间，呈带状分布；坝体中部向下直至坝底面，电阻率呈不规则带状分布，范围较大，面积约 1.4m^2，电阻率值从上到下逐渐减小，大小在 20 ~ 60Ω · m 之间；坝底面以下，由于是采用混凝土砌筑而成的，相对出现高阻异常，视电阻率值逐渐变大，其值在 80 ~ 150Ω · m 之间。

(3)3 号测线位于坝体下游下部，顶面高程为 0.685m，电阻率成像拟合方差为 4.6%。电阻率整体分布特征和 1 号测线、2 号测线电阻率分布特征相似，但是由于渗漏通道的位置相对 3 号测线较为靠上，因此，低阻异常区在电阻率分布断面上位置相对较高(高程为 0 ~ 0.6m)，下部从高程(-0.8 ~ 0m)往上到坝底面，视电阻率从下到上逐渐减小，其值在 60 ~ 500Ω · m 之间。

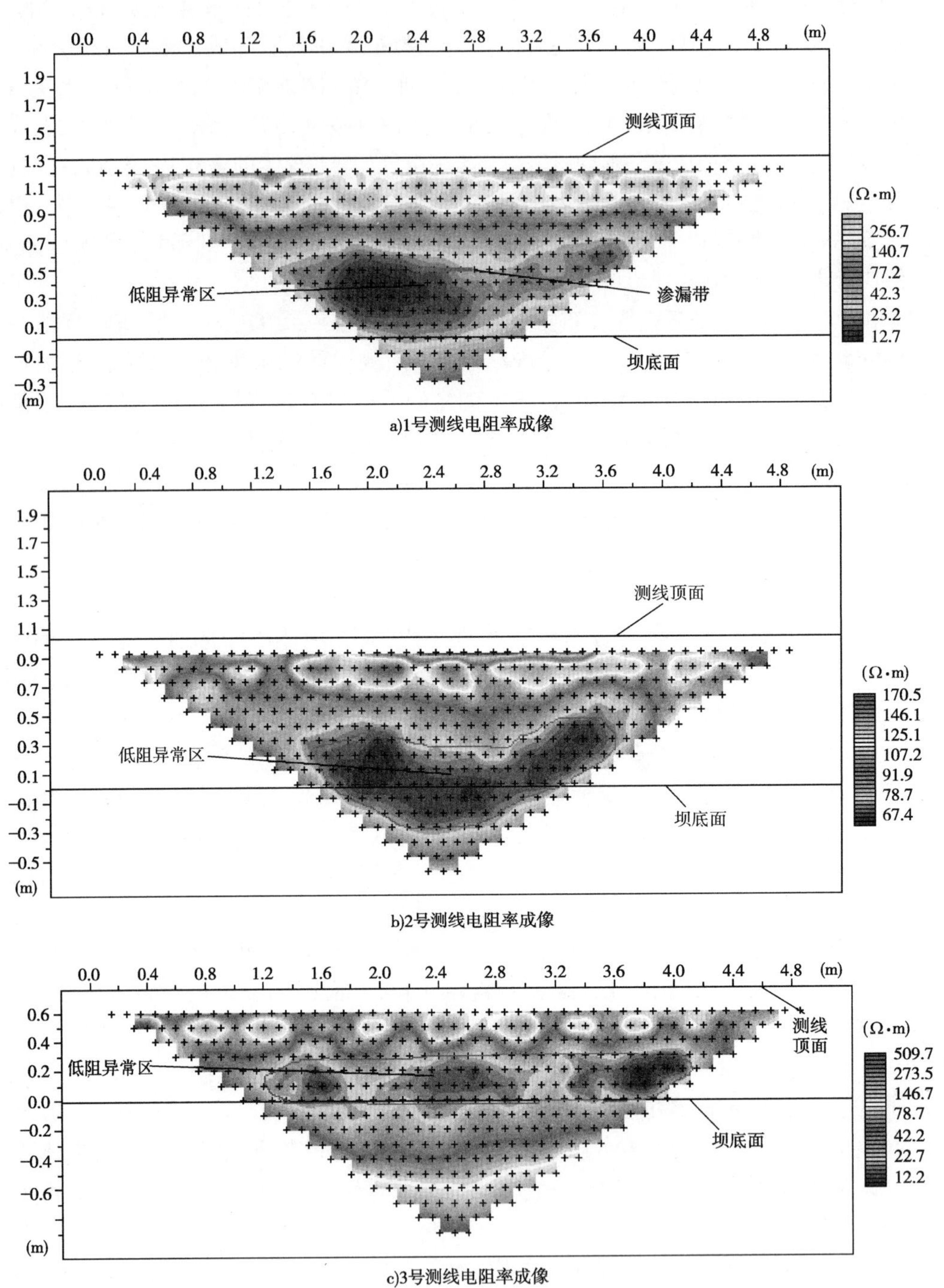

图 6.17　渗漏模型 5 电阻率成像

对比该土石坝渗漏模型,通过上述电阻率分布特征可对电阻率成像效果进行分析:

(1)通过观测布置在土石坝外面的测压管,得到三条测线所在位置的测压管水头分别为 48cm、42cm 和 24cm,这里的测压管水头也就是坝体内部浸润线位置,考虑毛细水头,实际水头要高于浸润线。由于坝体表面附近长期暴露在空气中,土石体的含水率较小,总体应该出现高阻异常,电阻率值较大。从坝体表面到浸润线,随着土石体的含水率逐渐增大,电阻率值应该逐渐减小,浸润线以下,土石体基本处于饱和状态,含水率达到最大,出现低阻异常,电阻率值应该基本不变化。

(2)相应地,通过电阻率成像分布特征,可以看出三条测线的电阻率分布与坝体浸润线和土石体的含水率分布特征基本吻合。总体上,三条测线两端部由于电极与砖砌池壁接触或距离很小,都会出现相对高阻异常区;三条测线的电阻率分布特征都能反映坝体浸润线的趋势,浸润线以下,大部分土体处于饱和状态,含水率较高,电阻率值相对较小;而浸润线以上,土体处于相对干燥的状态,含水率较低,电阻率值相对较高;从 1 号测线到 3 号测线,各测线所在断面范围逐渐减小,渗漏范围逐渐增大,通过三条测线的电阻率成像能够相对较为准确地反映出渗漏通道的位置和大小。

6.3.5 不同观测系统下电阻率成像结果比较分析

下面以土石坝渗漏模型 2 的 1 号测线电阻率成像为例,分别对偶极模式、微分模式及温纳模式三种不同的装置模式下电阻率成像结果进行对比分析。图 6.18 为模型 2 的 1 号测线在不同观测系统(装置模式)下的电阻率成像结果。

通过图 6.18 可知,偶极模式、微分模式及温纳模式等不同装置系统下,电阻率成像均能反映土石坝渗漏模型的基本特征。如温纳模式电阻率成像的基本特征为:2 号测线位于坝体下游中间部位,顶面高程为 1.03m,电阻率成像拟合方差为 5.2%。同样,下游表面暴露在空气中,土体相对干燥,含水率较低,上部(高程为 0.7 ~ 1.03m)出现高阻异常,视电阻率较大,其值在 80 ~ 120Ω · m 之间,呈带状分布;而在(0.3,2.5)的中心位置,视电阻率向着四周逐渐增大,呈环形规则分布,整体出现相对低阻异常,视电阻率值在 10 ~ 60Ω · m 之间;坝底面以下,由于是采用混凝土砌筑而成的,相对出现高阻异常,视电阻率值逐渐变大,其值在 80 ~ 150Ω · m 之间。其他两种模式的电阻率成像基本特征与此基本相同,仅仅是电阻率大小及范围稍有差别。

总体上,偶极模式、微分模式及温纳模式下电阻率成像特征基本上都能符合土石坝渗漏模型内部浸润线及土石体含水率的变化规律,但是这三种模式下,电阻率大小不完全相同,电阻率成像拟合方差也不同,偶极排列、微分排列、温纳排列一次拟合方差分别为 7.6%、6.7%、4.5%,因此,利用温纳模式进行电阻率测试,效果相对较好。

6.3.6 渗漏通道大小不同的模型电阻率成像结果分析

下面对土石坝渗漏模型 1 和模型 2 的电阻率成像进行对比,模型 1 和模型 2 仅仅是渗漏通道的大小不一样,模型 1 和模型 2 布置的渗漏通道孔径分别为 8cm 和 5cm,图 6.19a)和图 6.19b)分别为模型 1 和模型 2 的 1 号测线的电阻成像结果。

由图 6.19 可知,不同渗漏通道孔径的模型,电阻率成像基本能够反映渗漏区域的大小,孔径为 8cm 的电阻率分布图中,低阻异常区范围较大,约 0.9m^2,而孔径为 5cm 的电阻率分布图中,低阻异常区范围较小,面积约 0.7m^2,但是电阻率成像不能定量反映渗漏通道的大小。

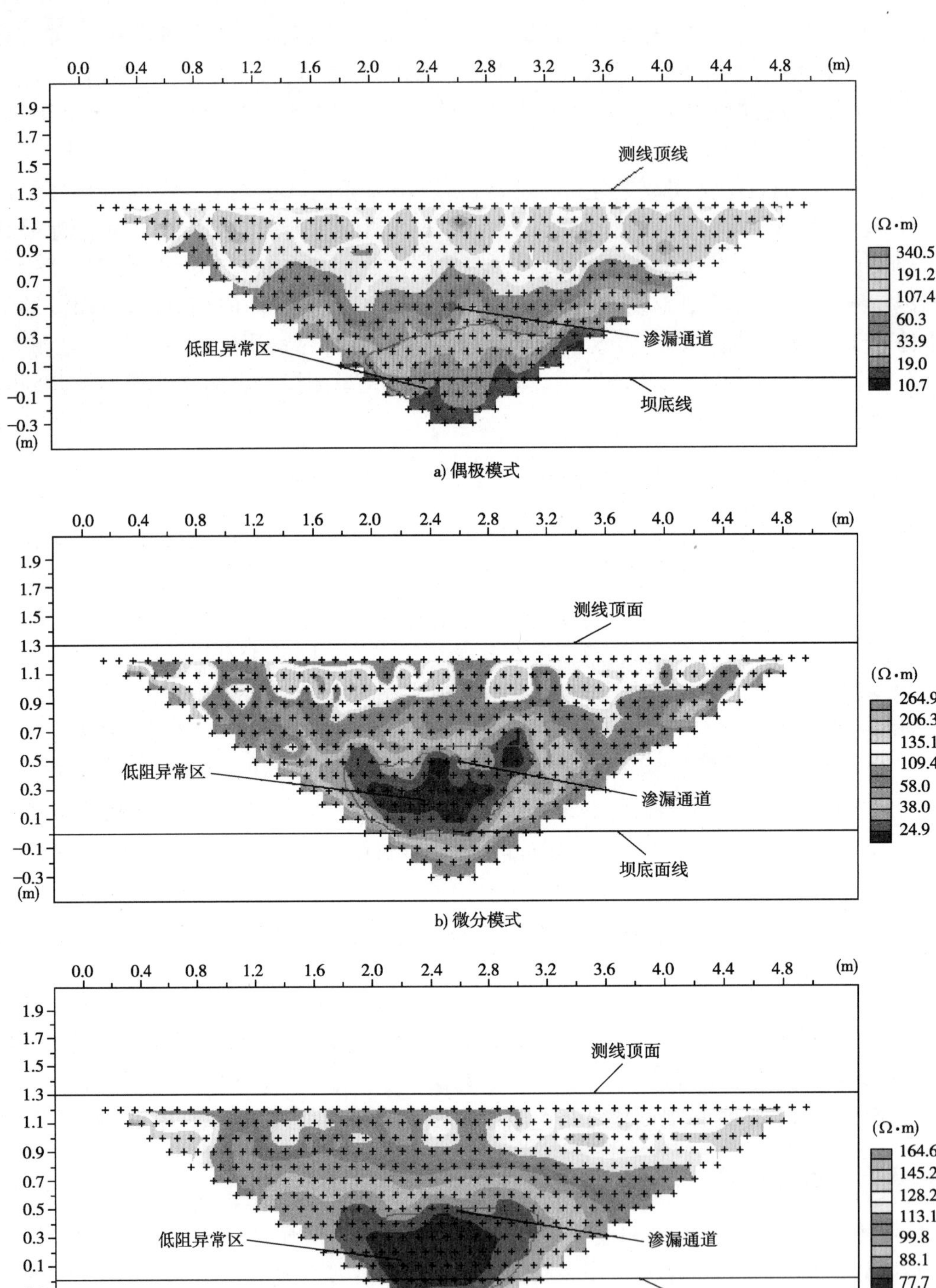

a) 偶极模式

b) 微分模式

c) 微纳模式

图 6.18　不同装置模式的电阻率分布

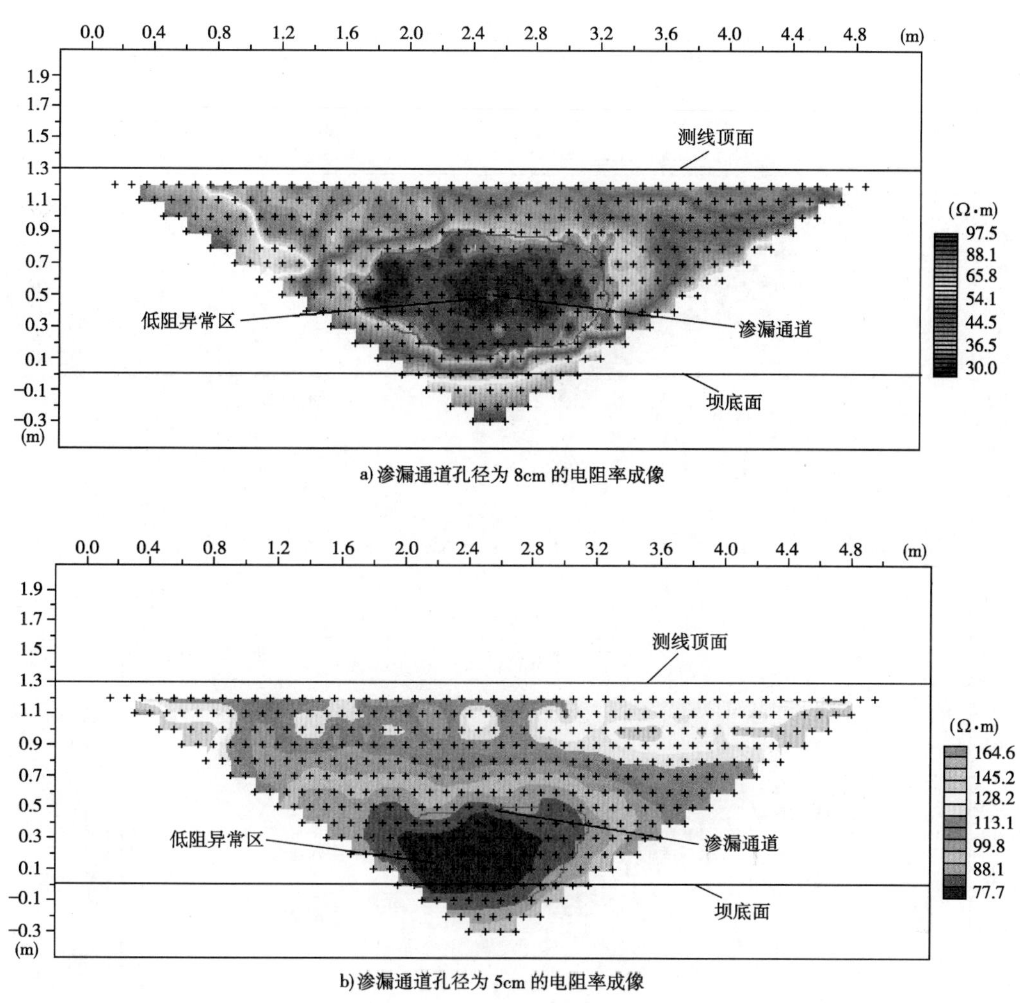

a) 渗漏通道孔径为 8cm 的电阻率成像

b) 渗漏通道孔径为 5cm 的电阻率成像

图 6.19 不同大小渗漏通道的模型电阻率分布

6.3.7 不同高度的坝体渗漏通道电阻率成像结果分析

下面对土石坝渗漏模型 2 和模型 3 的电阻率成像进行对比，模型 2 和模型 3 仅仅是渗漏通道的高程不一样，模型 2 和模型 3 布置的渗漏通道高程分别为 50cm 和 10cm，图 6.20 为模型 2 和模型 3 的 1 号测线的电阻成像结果。

由图 6.20 可知，模型 2 的电阻率分布图中，低阻异常区整体位于渗漏通道的下部，低阻异常区整体范围较小，面积约 0.7m^2；模型 3 的电阻率分布图中，低阻异常区处于渗漏通道靠上的位置，低阻异常区整体面积约 0.8m^2；从实际渗漏通道的位置来看，模型 2 的电阻率测试结果更为理想。总体上来说，渗漏通道的位置对探测结果的影响比较明显，一般来说，电阻率测试浅层测量数据较多，反映的效果也相对明显，精度较高，而深层数据较少，精度相对较差。实际应用过程中，应该在现场调查的基础上，合理的布置测线，并通过测试效果进行复核。

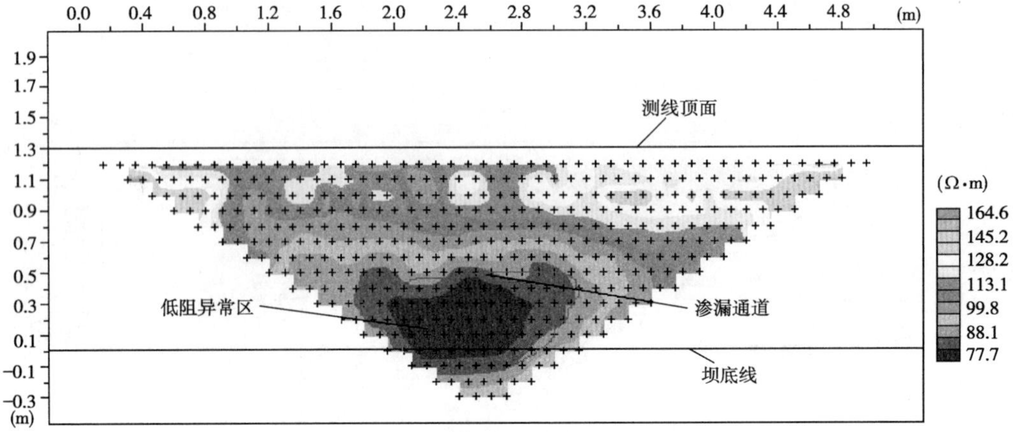

a) 渗漏通道深度为50cm

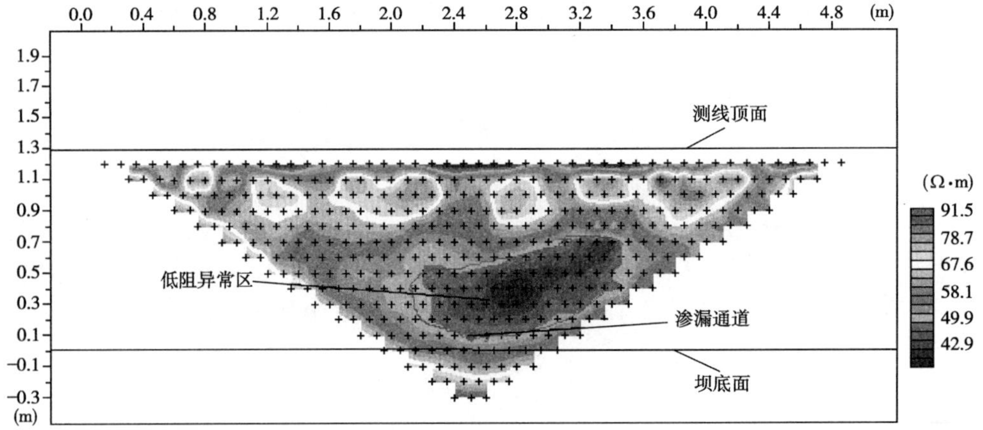

b) 渗漏通道深度为10cm

图6.20　不同深度渗漏通道的模型电阻率分布

6.3.8　不同隔离数对反演结果的影响分析

下面对不同隔离数对电阻率成像结果的影响进行分析，以土石坝渗漏模型3为例，对该模型的1号测线在不同隔离数(1、2和4)的情况下进行温纳模式的电阻率测试，图6.21a)～图6.21c)为不同隔离数时的电阻率成像分布。

由图6.21可知，对于相同的测试断面，当测量隔离数不同时，电阻率成像结果是不同的，当隔离数为1时，电阻率变化范围为42.9～91.5Ω·m；当隔离数为2时，电阻率变化范围为25.1～188.8Ω·m；当隔离数为4时，电阻率变化范围为20.4～168 Ω·m，显然可以看出，随着隔离数的不断增大，电阻率测试精度逐渐降低；一般来说，隔离数越小，测量数据越多，测试精度越高，反之，隔离数越大，测量数据越少，测试效果越差。在实际工程应用中，应该根据测试范围的大小，电极的数量，要求的测试深度来选取合理的隔离数。

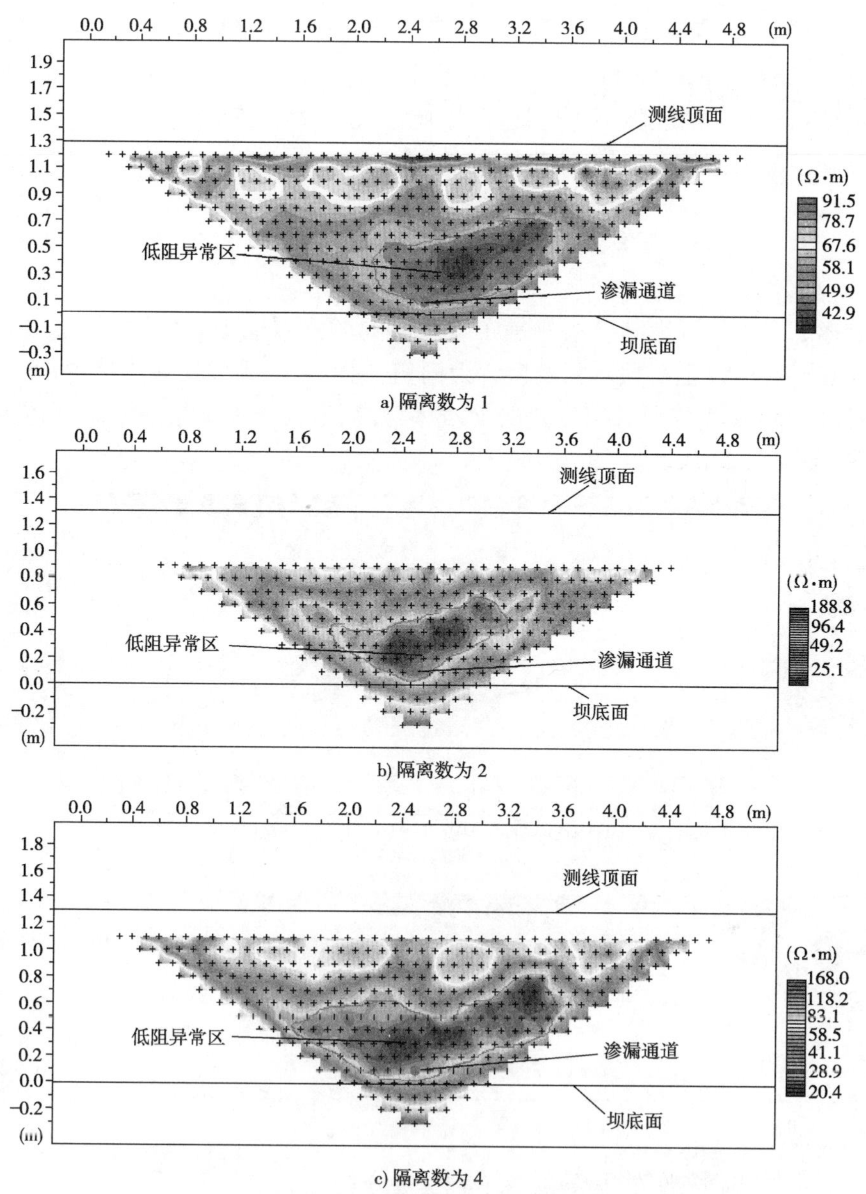

a) 隔离数为 1

b) 隔离数为 2

c) 隔离数为 4

图 6.21 不同隔离数时的电阻率分布

6.3.9 基于电阻率成像的渗漏土石坝含水率反演分析

对于以上土石坝渗漏模型的电阻率成像,主要考察的是电阻率成像对于渗漏范围的诊断,因此,选取含水率作为电阻率成像反演的物理参数,对这 5 个土石坝渗漏模型的内部含水率进行反演分析。

1)计算参数的选取

基于电阻率成像的含水率反演分析可按照 5.5.1 多相土石复合介质含水率的电阻率反演模型式(5.40)进行。主要参数包括土颗粒密度 γ_s、石颗粒密度 γ_r、孔隙水的密度 γ_w、土颗粒电阻率 ρ_s、石颗粒电阻率 ρ_r、孔隙水的电阻率 ρ_w 土石体积比 f 以及孔隙率 n。这里土石颗粒的参数已由前述章节给出，其中：$\gamma_s = 2.52\text{g/cm}^3$，$\gamma_r = 2.68\text{g/cm}^3$，$\gamma_w = 1.0\text{g/cm}^3$，$\rho_s = 400\Omega \cdot \text{m}$，$\rho_r = 528\Omega \cdot \text{m}$，$\rho_w = 11.2\Omega \cdot \text{m}$。而土石填料的土石比为：$f = 7:3$，孔隙率按照90%压实度时的土石料的孔隙率进行计算，因此通过计算可取 $n = 0.26$。

2）土石坝渗漏模型的含水率反演成像

首先按照以上参数，利用式（5.27）计算可得到土石坝填料饱和时的含水率为：

$$w_{\max} = \frac{n(1+f)\gamma_w}{(1-n)(f\gamma_s+\gamma_r)} = 13.68\%$$

由于上述5个土石坝渗漏模型只是布置了不同的渗漏通道，坝体填筑材料和填筑要求基本相同，因此，这里以土石坝渗漏模型2为例，利用电阻率成像反演坝体内部含水率情况。首先利用式（5.26）计算每个对应位置的含水率，然后利用 Suffer 软件绘制坝体内部的含水率等值线图，如图6.22所示。

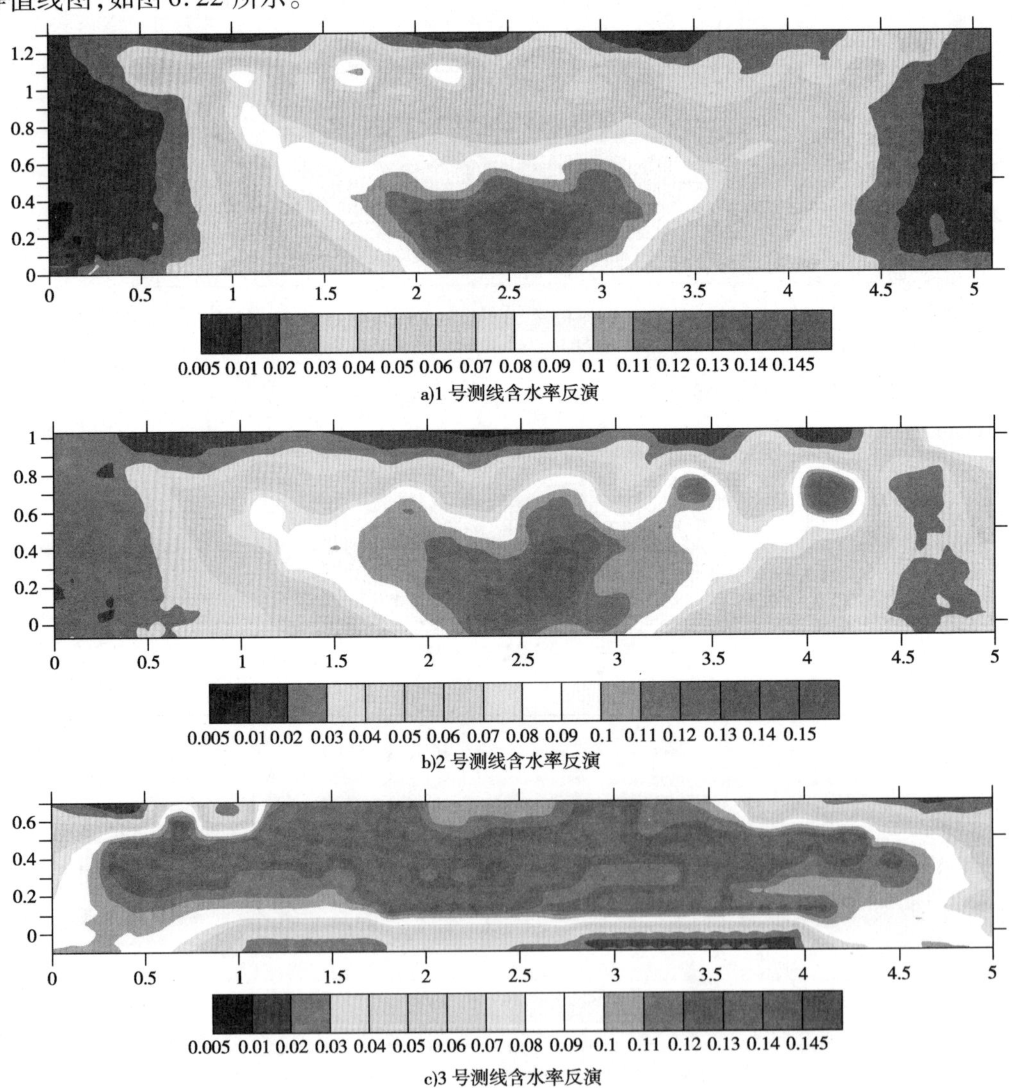

图6.22　土石坝渗漏模型2含水率分布图

由于实际电阻率成像是梯形形状，因此，图6.22包含的范围比实际的土石坝模型的断面要广，实际土石坝区域内，含水率为2%～14%，坝体表面由于暴露在空气中，土石体相对干燥，含水率较低，从坝体表面直至浸润线，含水率一般逐渐增大，浸润线以下直至模型地面，土石体大部分趋于饱和状态，含水率一般为11%～14%，总体上，含水率分布图能够准确地反演出渗漏区域的范围和浸润线变化趋势。

6.4 土石填方缺陷模型的电阻率成像诊断试验研究

6.4.1 土石填方模型设计

如图6.23所示，三个填方地基模型内部分别设置了空洞、不均匀体和不密实区，模型槽尺寸为6.0m×4.4m，模型纵坡坡度为0.5%，顶部宽度为1.4m，模型两边边坡坡比为1：1.5。

6.4.2 模型缺陷的设置与制作

填方地基主体采用土石混合料分层填筑，控制每层的填筑厚度，并且每摊铺一层，在表明洒水，然后采用打夯机均匀夯实，要求控制主体压实度在90%以上，碾压过程中通过灌水法测试压实度。模型1采用小红砖架空设置0.2m×0.2m的空洞；模型2采用碎石模拟不均匀体；模型3的不密实区是通过填料不做压实处理来设置的，如图6.24所示。

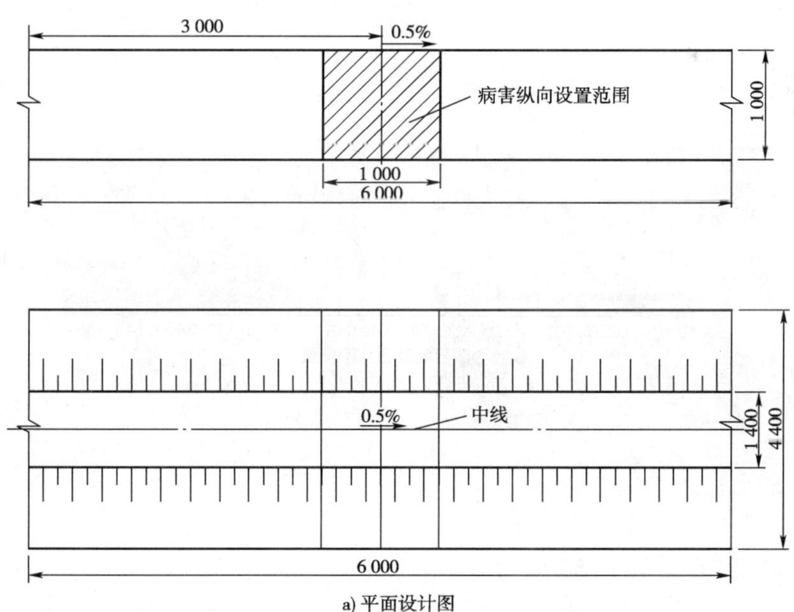

a) 平面设计图

图 6.23

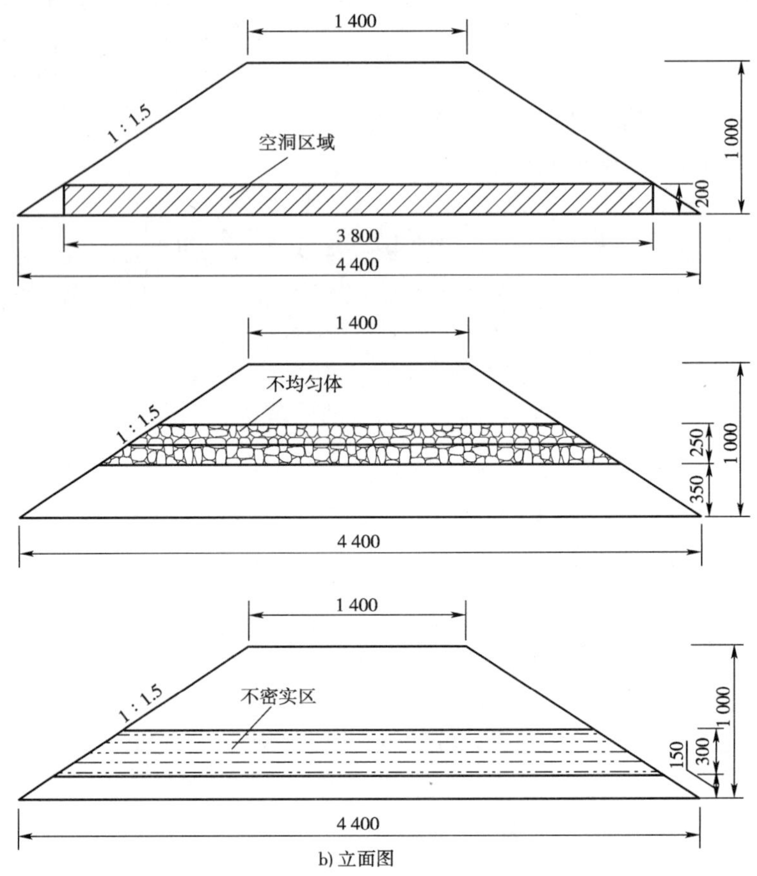

b) 立面图

图 6.23　土石填方地基模型设计(尺寸单位:mm)

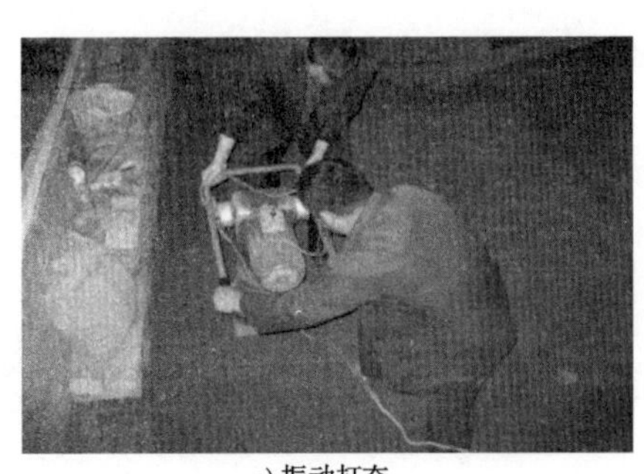

a) 振动打夯

b) 压实度检测

图 6.24　填方地基模型的制作

6.4.3　模型试验的测线布置

为了对比分析,在模型顶面在中线两边设置了沿纵向的两条测线,两条测线水平距离1m,试验中采用60根电极,电极间距0.1m,采用温纳装置模式进行数据采集,如图6.25所示。

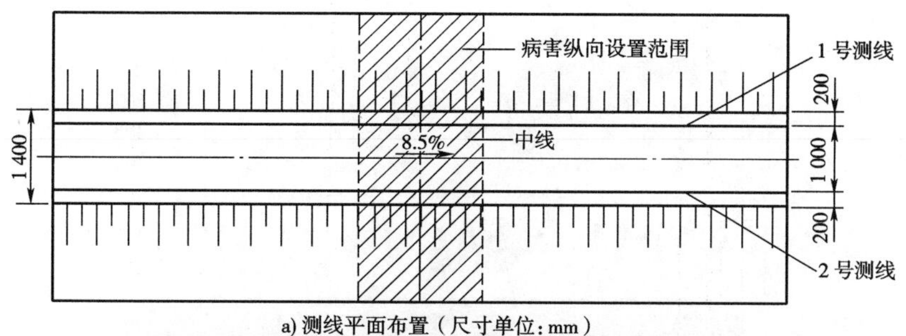

a) 测线平面布置(尺寸单位:mm)

b) 电阻率测试

图 6.25 模型试验测线布置

6.4.4 电阻率成像及诊断结果分析

将采集的数据导入计算机后,利用 Geogiga RTomo 解释软件对电阻率数据进行成像反演,三个土石填方地基模型的电阻率成像结果如下:

1)模型 1 电阻率成像

如图 6.26 所示,在模型 1 的电阻率成像图中,空洞区域出现明显的高阻异常区,电阻率成像反演图是经过各点的电阻率值差值计算得的,所以电阻率成像图中空洞区的高阻异常范围比实际设置区域稍大;由于地基表面是经过洒水处理的,所以电阻率成像图中出现低阻现象;填方地基主体部分电阻率分布相对较为均匀,一般在 60 ~ 120Ω · m 之间;两条测线的电阻率成像结果基本一致。

2)模型 2 电阻率成像

如图 6.27 所示,在模型 2 的电阻率成像图中,不均匀体区域出现明显的高阻异常,最大电阻率值约 250Ω · m,从电阻率变化趋势来看,实际电阻率成像图中不均匀体区域的高阻异常范围比实际设置区域稍大;填方地基主体部分电阻率分布相对较为均匀,一般在 60 ~ 120Ω · m 之间;两条测线的电阻率成像结果基本一致。

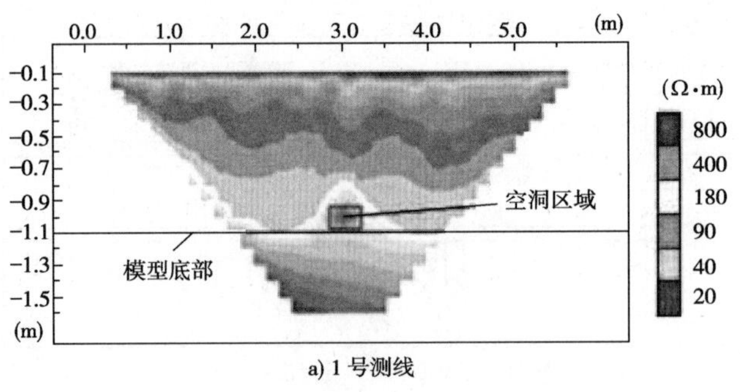

a) 1 号测线

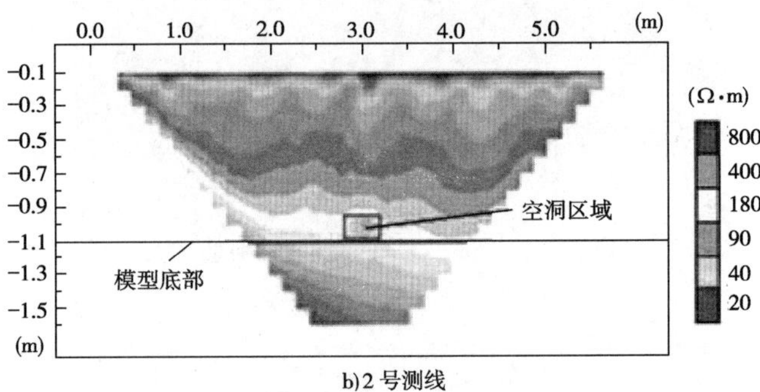

b) 2 号测线

图 6.26　模型 1 电阻率成像

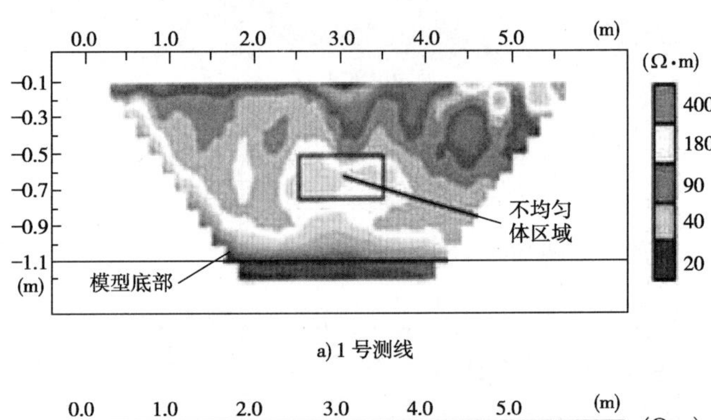

a) 1 号测线

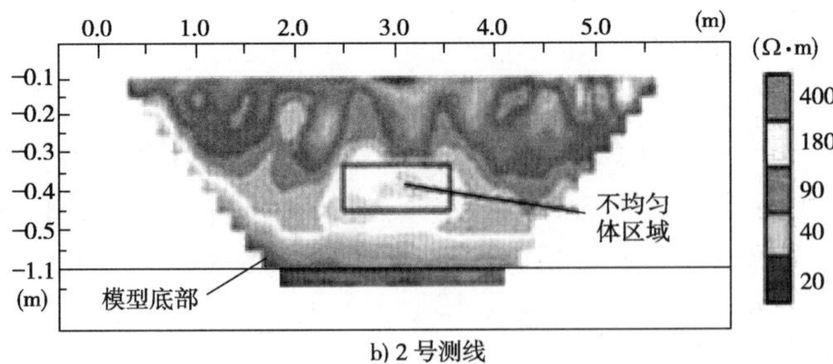

b) 2 号测线

图 6.27　模型 2 电阻率成像

3）模型 3 电阻率成像

如图 6.28 所示，在模型 3 的电阻率成像图中，不密实区出现明显的高阻异常，从电阻率变化趋势来看，实际电阻率成像图中不密实区的高阻异常范围比实际设置区域偏大；填方地基主体部分电阻率分布相对较为均匀，一般在 60 ~ 120Ω · m 之间；两条测线的电阻率成像结果基本一致。

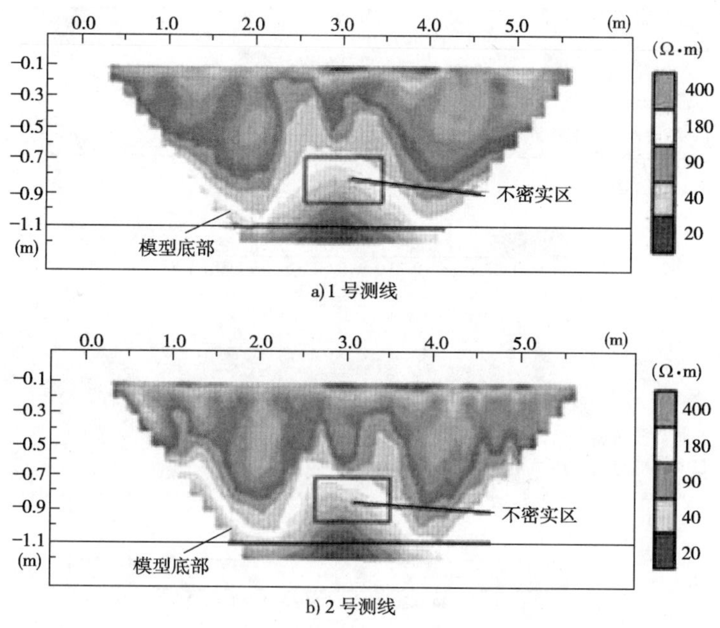

a) 1 号测线

b) 2 号测线

图 6.28　模型 3 电阻率成像

从上述三个模型的电阻率成像结果可以看出，三个模型的反演图顶部都存在一定的异常低阻薄层，这是在模型制作过程中，对表层填料进行平整时加了少许水，填料含水率相对偏高，而电阻在有水的情况下变化非常明显，视电阻率较低；填方地基主体的电阻率大小基本一致，在 60 ~ 120Ω · m 之间；电阻率分布特征能够基本反映填方地基内部形态特征，但是视电阻率变化区域要大于实际病害设置范围。

6.4.5　基于电阻率成像的填方压实质量评价

对于土石填方地基模型，主要考察的是电阻率成像对于压实质量的评价效果，因此，选取压实度作为电阻率成像反演的物理参数，对这 3 个土石坝填方地基模型的压实度进行反演分析。

1）计算参数的选取

基于电阻率成像的含水率反演分析可按照 5.5.4 多相土石复合介质含水率的电阻率反演模型式(5.51)进行。主要参数包括土颗粒密度 γ_s、石颗粒密度 γ_r、孔隙水的密度 γ_w、土颗粒电阻率 ρ_s、石颗粒电阻率 ρ_r、孔隙水的电阻率 ρ_w 土石体积比 f 以及孔隙率 n。这里土石颗粒的参数已由前述章节给出，其中：$\gamma_s = 2.52\text{g/cm}^3$，$\gamma_r = 2.68\text{g/cm}^3$，$\gamma_w = 1.0\text{g/cm}^3$，$\rho_s = 400\Omega \cdot \text{m}$，$\rho_r = 528\Omega \cdot \text{m}$，$\rho_w = 11.2\Omega \cdot \text{m}$。而土石填料的土石比为：$f = 7:3$，最优含水率按照击实试验结果取得：$w_m = 9.7\%$，最优含水率对应的饱和度为：$S_{rm} = 44.8\%$，现场含水率按照地基填筑后实测土样的含水率取得：$w = 7.3\%$。

2）土石填方地基模型的压实度反演成像

土石填方模型的压实度分布如图 6.29 所示。由图 6.29 可知，模型 1 和模型 2 填方主体的压实度大致相差不大,分布相对较为均匀,在81% ~93%之间;压实度大小能够基本反映填方地基缺陷的设置范围。

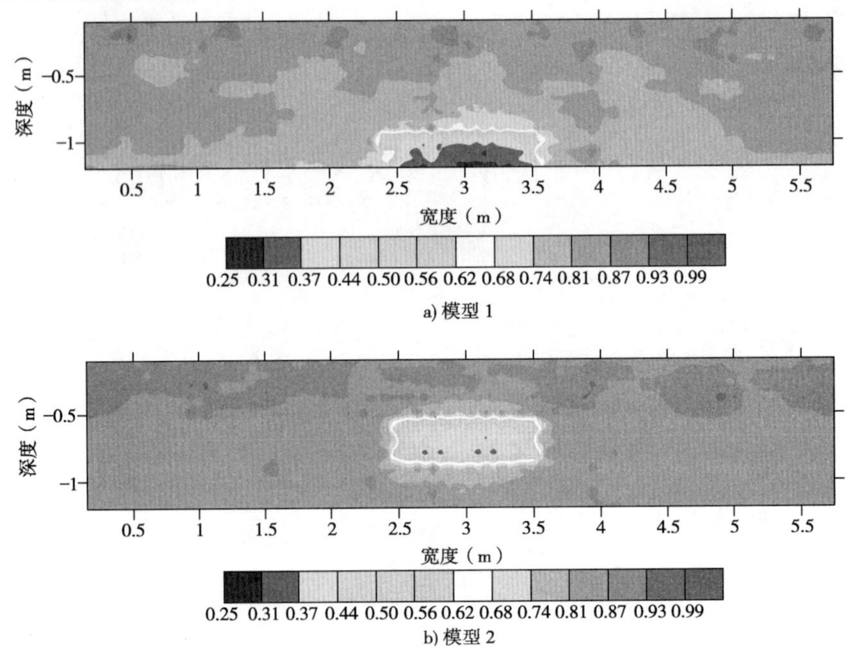

图6.29 土石填方地基模型压实度分布图

6.5 本章小结

通过对电阻率成像观测实施方法的研究,设计了不同渗漏类型的土石坝渗漏模型,通过电阻率测试方法对土石坝中的裂缝及渗漏通道进行探测,把不同的电阻率成像结果与模型实际的渗漏裂缝及模型进行对比,通过电阻率成像反演与渗漏相关的物理参数,从而对土石坝的渗漏情况进行诊断;设计了不同缺陷的土石填方地基模型,通过电阻率成像对土石填方地基的压实质量进行了评价。主要研究结论如下:

(1)采用电阻率测试技术分别对五种土石坝渗漏模型电阻率成像,首先通过电阻率分布图对土石坝渗漏模型进行诊断,结果表明,电阻成像分布能够基本反映土石坝渗漏通道的位置和渗漏范围的大小。

(2)通过采用不同装置模式(偶极、微分、温纳)对同一模型进行电阻率成像,结果表明,不同的装置模式在一定程度上均能够满足土石坝渗漏诊断的要求,但是相对而言,温纳模式的一次拟合方差最小,测试精度最高。

(3)通过对比分析不同大小渗漏通道的电阻率成像诊断结果,表明仅仅通过电阻率成像难以定量反演渗漏通道的大小,但是电阻率成像能够反映渗漏区范围的大小。

(4)通过对比分析不同位置的渗漏通道的电阻率成像诊断结果,表明渗漏通道的位置对探测结果的影响比较明显,总体上电阻率测试浅层测量数据较多,反映的效果也相对明显,精度较高,而深层数据较少,精度相对较差。因此,在实际应用过程中,应该在现场调查的基础上，合理的布置测线，选取合适的电极间距，并通过测试效果进行复核。

(5)通过对比分析不同隔离数的电阻率成像诊断结果，表明随着隔离数的增大，电阻率测试精度逐渐降低。一般来说，隔离数越小，测量数据越多，测试精度越高，反之，隔离数越大，测量数据越少，测试效果越差。实际工程应用中，应该根据测试范围的大小，电极的数量，要求的测试深度来选取合理的隔离数。

(6)通过电阻率成像，利用多相土石复合介质电阻率理论模型，可反演土石体的基本物理参数，根据土石坝渗漏模型的特点，选取了含水率作为电阻率成像反演的基本参数，结果表明，利用电阻率成像能够方便的反演土石体的物理力学参数，从而对土石工程的质量进行更为具体的评价。

(7)通过土石填方地基的电阻率成像，首先可根据电阻率成像分布图定性解释填方地基内部的异常情况，其次利用多相土石复合介质电阻率理论模型，可以反演填方地基的压实度，根据压实度分布情况，对填方地基的压实质量进行定量评价。

第7章　结论及建议

本书在对岩土介质的导电性能和电阻率结构模型进行总结的基础上提出多相土石复合介质的电阻率影响因素和研究方法。首先通过对土石复合介质的概念和内容进行界定,对不同级配类型的土石混合料进行击实试验和土石填方地基模型试验研究,分析了不同类型土石复合介质的工程特性,研究了石料粒径、含石量、压实干密度、综合含水率等因素对其物理特性力学的影响。在此基础上,通过制作大批量的具有不同物理力学特性的土石复合介质试件进行电阻率测试试验,研究了含水率、饱和度、孔隙率、土石比等物理力学参数对土石复合介质电阻率特性的影响,然后在土石复合介质宏观导电模型的基础上,从土石串联和土石并联的角度推导了土石复合介质的电阻率理论模型,并基于此进一步分析了土石复合介质的电阻率和综合含水率、饱和度、孔隙率、土石比等参数的理论关系,提出了基于土石复合介质电阻率理论反演物理力学参数的方法;最后开展了土石复合介质电阻率理论的应用研究,通过设计土石坝渗漏模型和土石填方地基模型,利用电阻率测试的方法对土石坝的渗漏情况和土石填方地基的压实质量分别进行了诊断和评价。主要研究结论如下:

7.1　土石复合介质的界定及物理力学特性

(1)土石复合介质是指一种颗粒组成包含土颗粒、石颗粒的土石混合体,其关键在于土颗粒和石颗粒粒径的界定,通过对土石颗粒粒径的界定,可以确定土石复合介质的土石比,从而分析土石复合介质的物理力学特性。影响土石复合介质工程特性的主要因素包括土、石颗粒的性质和含量,含水率等。

(2)随着含石量的增加,土石复合介质的干密度,压实度,抗剪强度以及压缩模量呈先增大后减小的趋势,当含石量增加到最佳含石量时,土石复合介质具有最大干密度和压缩模量,压实效果最佳,承载能力最好,最佳含石量一般在60%～70%之间。

(3)在含石量相同的条件下,土石复合介质的干密度随着石料粒径的增大而先增大后减小,而最佳含石量有随粗粒粒径增大而增大。

(4)土石复合介质的界定包括颗粒粒径和土石比两个方面,根据本书研究的需要,对土石复合介质中的土颗粒和石颗粒以5mm作为分界,即大于5mm的颗粒划分为石颗粒,反之则为土颗粒。

7.2 多相土石复合介质的电阻率特性

(1)试验研究表明:电阻率对含水率极为敏感,对于同一种土石比的土石复合介质,电阻率均随着含水率的增大而显著减小;同一土石比下,多相土石复合介质的电阻率随着孔隙率的增大呈增大的趋势,随着饱和度的增大呈减小的趋势,随着击实次数的增大呈减小的趋势。但是,当含水率较大时,电阻率随孔隙率、饱和度、击实次数等的变化不明显。

(2)多相土石复合介质电阻率结构模型主要包括以下三种。

土石串联模型:

$$\rho = \frac{1+f}{1-n}\left[\frac{(1+f)^2}{f\rho_s+\rho_r}+\frac{(f\gamma_s+\gamma_r)w}{\gamma_w\rho_w}\right]^{-1}$$

土石并联模型:

$$\rho = \frac{1+f}{1-n}\left[\frac{f}{\rho_s}+\frac{1}{\rho_r}+\frac{(f\gamma_s+\gamma_r)w}{\gamma_w\rho_w}\right]^{-1}$$

土石串联—并联混合模型:

$$\rho = \frac{1+f}{1-n}\left[\frac{(1-\xi)(1+f)^2}{f\rho_s+\rho_r}+\frac{\xi(\rho_s+f\rho_r)}{\rho_s\rho_r}+\frac{(f\gamma_s+\gamma_r)w}{\gamma_w\rho_w}\right]^{-1}$$

(3)多相土石复合介质理论模型表明:当土石颗粒本身的成分不变时,影响土石复合介质电阻率特性的主要因素有含水率、孔隙率、土石比三个因素,其敏感程度从大到小依次为含水率、孔隙率和土石比。从理论上来讲,土石复合介质的电阻率随含水率的增大而减小,当含水率增大到一定程度时,介质含水率达到饱和状态,此时是理论上最小的电阻率,如果电阻率进一步发生变化,说明孔隙结构发生改变;当含水率不变时,土石复合介质孔隙率的增大导致饱和度减小,电阻率随之增大;而根据含水率的不同,土石比对多相土石复合介质电阻率特性的影响呈现不同的特性,当含水率较小时,其电阻率随土石比的增大而减小;而当含水率较大时,其电阻率随土石比的增大而增大,但是总体上,土石比对土石复合介质电阻率特性的影响相对较小。

(4)对于均匀的土石填方,如土石地基、土石坝、港区陆域填方等土石工程,可根据工程特点选取电阻率反演的物性参数,主要包括以下几个。

含水率反演:

$$w = \frac{\gamma_w\rho_w}{f\gamma_s+\gamma_r}\left[\frac{1+f}{(1-n)\rho}-\frac{(1+f)^2}{2(f\rho_s+\rho_r)}-\frac{\rho_s+f\rho_r}{2\rho_s\rho_r}\right]$$

同时,有界限含水率:

$$w_{max} = \frac{n(1+f)\gamma_w}{(1-n)(f\gamma_s+\gamma_r)}$$

孔隙率反演:

$$n = 1-\frac{1+f}{\rho}\left[\frac{(1+f)^2}{2(f\rho_s+\rho_r)}+\frac{\rho_s+f\rho_r}{2\rho_s\rho_r}+\frac{(f\gamma_s+\gamma_r)w}{\gamma_w\rho_w}\right]^{-1}$$

干密度反演:

$$\gamma_d = \frac{(f\gamma_s + \gamma_r)}{\rho}\left[\frac{(1+f)^2}{2(f\rho_s + \rho_r)} + \frac{\rho_s + f\rho_r}{2\rho_s\rho_r} + \frac{(f\gamma_s + \gamma_r)w}{\gamma_w\rho_w}\right]^{-1}$$

基于电阻率测试反演土石填方地基压实质量的公式可表达为：

$$K = \frac{A}{\rho(B + w)}$$

式中：A、B——与土、石颗粒性质及土石比相关的参数，其大小对于同一土石填料来说是一定的。

7.3 多相土石复合介质电阻率特性的应用

（1）采用电阻率测试技术分别对五种土石坝渗漏模型和三种土石填方缺陷模型进行电阻率成像，结果表明：电阻成像能够基本反映土石坝的渗漏情况和土石填方地基的内部缺陷情况，从而验证了电阻率测试技术在土石填方工程中进行诊断和评价的适应性和可靠性。

（2）通过对不同装置模式（偶极、微分、温纳）、不同大小渗漏通道及位置对电阻率成像诊断结果的影响、不同隔离数对电阻率测试结果的影响等方面的研究，结果表明：不同的装置模式在一定程度上均能够满足土石坝渗漏诊断的要求，但是相对而言，温纳模式的一次拟合方差最小，测试精度最高；电阻率测试浅层测量数据较多，反映的效果也相对明显，精度较高，而深层数据较少，精度相对较差；随着隔离数的增加，测量数据越少，电阻率测试效果越差。电阻率成像应用的过程中，应该在现场调查的基础上，合理的布置测线，选取合适的电极间距和电极的数量，并通过测试效果进行复核。

（3）通过土石坝渗漏模型的电阻率大小分布，利用多相土石复合介质电阻率理论模型，可以反演土石体的基本物理参数，根据土石坝渗漏模型的特点，选取含水率作为电阻率成像反演的基本参数，从而对土石坝的渗漏情况进行定量的评价。

（4）通过土石填方地基的电阻率成像，首先可根据电阻率成像分布图定性解释填方地基内部的异常情况，其次利用多相土石复合介质电阻率理论模型，可以反映填方地基的压实度，根据压实度分布情况，对填方地基的压实质量进行定量评价。

7.4 进一步研究的建议

由于土石复合介质结构的复杂性，其电阻率特性受土体特性、岩石特性、含石量、含水率、压实程度等多因素的影响，且各影响因素之间具有关联性。本书从多相土石复合介质宏观等效导电模型出发，推导了其电阻率理论模型。为了进一步研究多相土石复合介质的结构性，应该进一步从微观结构方面，开展多相土石复合介质电阻率理论的研究。

参考文献

[1] Archie G E. The electric resistivity log as aid in determining for reservoir characteristics [J]. Transactions of American Institute of Mining Engineers, 1942,146:54 -61.

[2] 孙建国. 阿尔奇(Archie)公式:提出背景与早期争论[J]. 地球物理学进展,2007,22(2): 472 -486.

[3] Worthington P F. The Evolution of Shaly - Sand Concepts in Reservoir Evaluation [J]. The Log Analyst, 1985,23: 23 -40.

[4] Patnode H W, Wyllie M R J. The Presence of Conductive Solid in Reservoir Rock as A Facto r in Electric Log Interpretation [C] //Trans. AIME, 1950,189: 47 -52.

[5] Winsauer W O, McCardell W M. Ionic Double Layer Conductivity in Reservoir Rocks [C] //Trans. AIME,1953, 198: 129 -34.

[6] Wyllie M R J, Soutihwick P F. An Experimental Investigation of the S. P. and Resistivity Phenomena in Dirty Sands [C]//Trans. AIME, 1954, 201:43 -56.

[7] Poupon A,Loy M E,Tixier M P A Contribution to Electric Log Interpretation in Shaly Sands [J]. Trans. AIME, 1954, 201,138 -145.

[8] De Witte A J. Saturation and porosity from electric logs in shaly sands [J]. Oil & Gas J, 1957,55 (4):89 -93.

[9] Hossin A. Calcul des saturations en eau par la method du ciment argileux (formule d'Archie generalisee)[J]. Bull Assoc. Francaise Tech. Pet. 140, 1960.

[10] Simandoux P. Dielectric measurements on Porous Media: Application to the Measurement of water Saturation,Study of the Behavior of Argillaceous Formations[J]. Shaly Sand Reprint , Supplementary Issue,1963:193 -215.

[11] Poupon A , Leveaux J. Evaluation of Water Saturations in Shaly Formation[J]. The Log An alyst, 1971,7(8): 1, 3 -8.

[12] Winsauer W O,Mccardell W M. Ionic Double - Layer Conductivity in Reservoir Rock [J]. Trans,AIME,1953,198:129 -134.

[13] Hill H J, Milburn J D. Effect of Clay and Water Salinity on Electro chemical Behavior of Reservoir Rocks[C]//Trans. AIME, 1956, 207: 65 -72.

[14] Waxman M L,Smits L J M. Electrical Conductivity in Oil Bearing Shaly Sands [J]. SPEJ, Trans. AIME,1968, 243: 107 -122.

[15] Clavier C, Coates G, Dumanoir J. Theoretical and Experimental Bases for The Dual water Model for Interpretation of Shaly Sands[C] MSPE 6859, SPE - AIME conference, Denver, Colorado, 1977: 9 -12.

[16] Clavier C, Coates G, Dumanoir J. The Theoretical and Experimental Bases for The Electric

Dual water Model for Interimental of Shaly Sands [J]. SPEJ, 1984, 24:153 – 167.

[17] Myers M T. Pore Combination Modeling: Extending the Hanai Bruggeman Equation[C] MSPWLA 30th Annual Logging Symposium, 1989:11 – 14.

[18] Bussian A E. Electrical Conductance in A Porous Medium [J]. Geophysics, 1983, 48(5): 1258 – 1268.

[19] Lima O A L, Michael B. C, Geraldo G N, et al. A Volumetric Approach for the Resistivity Response of Freshwater Shaly Sandstones [J]. Geophysics, 2005, 70(1): F1 – F10.

[20] Lima O A L. Water Saturation and Permeability from Resistivity, Dielectric and Porosity Logs [J]. Geophysics, 1995, 60(11): 1756 – 1764.

[21] Berg C R A. Simple, Effective medium Model for Water Saturation in Porous Rock [J]. Geophysics, 1995, 60(4): 1070 – 1080.

[22] Berg C R A. Effective medium Model for Calculating Water Saturation in Shaly Sands [J]. The Log Analyst, 1996(1): 16 – 26.

[23] Diederix K M. Anomalous Relationships Between Resistivity Index and Water Saturation in the Rotligend Sandstone[C]. SPWLA 23rd Annual Logging Symposium, 1982,X.

[24] Swanson, B F. Microporosity in Reservoir Rocks – its Measurement and Influence on Electrical Resistivitv[C]. SPWLA 26th Annual Logging Symposium, 1985,F.

[25] Worthington P F. Influence of Microporosity on the Evalation of Hydrocarbon Staturation [J]. SPE Formation Evaluation,1989 ,4(2):203 – 209.

[26] G. A. Brown. The Formation Porosity Exponent – The key to Improved Estimates of Water Saturation in Shaly Sands[C]. SPWLA 29th Annual Logging Symposium, 1988,AA.

[27] Steven D. Crane. Impacts of Microporosity, Rough Pore Surface and Conductive Minerals on Saturation Calculations form Electric Measurements:An Extended Archie's Law [C]. ", SPWLA 31st Annual Logging Symposium,1990,AA.

[28] 曾文冲. 油气储集层测井评价新技术[M]. 北京:石油工业出版社,1991.

[29] 朱家俊, 耿斌, 耿生臣,等. 宏观导电机理下的泥质砂岩含水饱和度解释模型[J]. 石油勘探与开发,2003, 30(4) : 75 – 77.

[30] 范业活, 关继腾,房文静. 含水泥砂岩导电特性的机理研究[J]. 青岛大学学报:自然科学版, 2005, 18(2) : 57 – 64.

[31] 宋延杰, 王秀明,卢双舫. 骨架导电的混合泥质砂岩通用孔隙结合电阻率模型研究[J] . 地球物理学进展,2005, 20(3) :747 – 756.

[32] 宋延杰,石颖,张庆国. 混合泥质砂岩通用电阻率模型研究[J]. 测井技术, 2004, 28(2):118 – 123.

[33] 李剑浩. 用混合物电导率公式改进双水模型的公式[J] . 测井技术, 2007, 31(1):1 – 3.

[34] 张丽华,潘保芝,李舟波,等. 新三水导电模型及其在低孔低渗储层评价中的应用[J]. 石油地球物理勘探,2010,45(3):431 – 437.

[35] Keller G Frischknecht F. Electrical methods in geophysical prospecting [M]. Pergamom Press, New York, N. Y, 1966.

[36] Waxman H, Smits L. Electrical conductivity in oil – bearing shaly sand[J]. Society of Petroleum Engineers Journal,1968,65:1577 – 1584.

[37] David Huntley. Relations & permeability and electrical resistivity in granular aquifers [J]. Ground Water,1987,24(4):466 – 474.

[38] Worthington P F. The uses and abuses of the Archie equations:1. The formation factor – porosity relationship [J]. Journal of Applied Geophysics,1993,30:215 – 228.

[39] Mitchell J K. Fundamentals of Soil Behavior [M]. New York: Wiley& Sons, 1993.

[40] 查甫生,刘松玉. 土的电阻率理论及其应用探讨[J]. 工程勘察,2006(5):10 – 16.

[41] 查甫生,刘松玉,杜延军. 非饱和土电阻率结构模型研究[J]. 工程勘察,2006(7):1–5.

[42] 查甫生,刘松玉. 非饱和黏性土的电阻率特性及试验研究[J]. 岩土力学,2007,28(8):1671 – 1677.

[43] Mousseau R J, Trump R P. Measurement of electrical anisotropy of clay – like materials [J]. Journal of Applied Physics,1967,38(11):4375 – 4379.

[44] Arulanandan K, Kutter B. A directional structure index related to sand liquefaction [J]. Proc. Of the Specialty Conference on Earthquake Engineering and Soil Dynamics, ASCE, 1978:213 – 230.

[45] 刘国华,王振宇,黄建平. 土的电阻率特性及其工程应用研究[J]. 岩土工程学报,2004,26(1):83 – 87.

[46] Brace W F, Orange A S. Electrical resistivity changes in saturatedrocks during fracture and frictional sliding[J]. Geophys Research,1968,73(4):1433 – 1445.

[47] 张天中,华正兴,徐明发. 1.2 千帕围压下岩样破裂和摩擦滑动过程中电阻率变化[J]. 地震学报,1985,7(4):428 – 433.

[48] 李德春,葛宝堂. 岩体破坏过程中的电阻率变化试验[J]. 中国矿业大学学报,1999,28(5):491 – 493.

[49] 陆海龙,贾迎梅. 煤体电阻率受压变化规律试验研究[J]. 矿产研究与开发,2009,29(4):36 – 38.

[50] 王云刚. 大尺度冲击性煤体电阻率变化规律的实验研究[J]. 南华大学学报(自然科学版),2010,24(2):15 – 19.

[51] Kalinski R J, Kelly W E, Bogardi I, et a1. Electrical resistivity measurements to estimate travel times through unsaturated ground water protective layers [J] Journal of Applied Geophysics,1993,30:161 – 173.

[52] Abu – Hassanein Z, Benson C, Blotz L. Electrical resistivity of compacted clays [J]. Journal Geotechnology&Engineering, ASCE,1996,122(5):397 – 406.

[53] Arulmoli K, Arulanandan K. Review of an electrical method for evaluation of stress ratio required to cause liquefaction and dynamic modulus[J]. Dynamic Geotechnical Testing,1994, ASTM:118 – 130.

[54] John A Howie. Combinations of in Situ Tests for Control of Ground Modification in Silts and

Sands [J]. 1997,97:181 - 197.

[55] Ristodemou E. Resistivity and Induced Polarization Investigations at a Waste Disposal Site and Its Environments [J]. Journal of Applied Geophysics,2000,44:275 - 30.

[56] Liu S Y, Yu X J. The Electrical Resistivity Characteristics of the Cemented Soil [J]. Proceeding of the 2 International Symposium on Lowland Technology,2000:185 - 190.

[57] Gil Lim Yoon, Jun Bonm Park. Sensitivity of leachate and fine contents on electrical resistivity variations of sandy soils[J]. Journal of Hazardous Materials,2001,B84:147 - 161.

[58] Yoon G L, Oh MH, Pmrk J B. Laboratory study of landfill leachate effect on resistivity in unsaturated soil using penetrometer[J]. Environmental Geology,2002,43:18 - 28.

[59] Delaney Allan J, Peapples Paige R, Arcone Steven A. Electrical resistivity of frozen and petroleum - contaminated fine - grained soil[J]. Cold Regions Science and Technology,2001, 32:107 - 119.

[60] Fukue M T, Minati M, Matsumoto H, et al. Use of a resistivity cone for detecting contaminated soil layers[J]. Engineering Geology, 2001 (60):361 - 369.

[61] Shang J Q, Rowe R K. Detecting Leachate Contamination Using Soil Electrical Properties [J]. Practice Periodical of Hazardous, Toxic, and Radioactive Waste Management,2003, 17(1):3 - 11.

[62] 于小军,刘松玉. 电阻率特性参数法应用于高速公路路基土结构性研究综述[J]. 公路交通科技,2004,21(6):8 - 11.

[63] 于小军. 电阻率结构模型的土力学应用研究[D]. 南京:东南大学,2004.

[64] 于小军,刘松玉. 电阻率指标在膨胀土结构研究中的应用探讨[J]. 岩土工程学报,2004,26(3):393 - 396.

[65] 韩立华. 污染对水泥土电阻率特性影响的试验与理论研究[D]. 南京:东南大学博士学位论文,2006.

[66] 韩立华,刘松玉,杜延军. 一种检测污染土的新方法——电阻率法[J]. 岩土工程学报,2006,28(8):1028 - 1032.

[67] 查甫生. 结构性非饱和土的电阻率特性及应用[D]. 南京:东南大学博士学位论文,2007.

[68] 查甫生,刘松玉,杜延军,等. 土的微观结构特征对其电阻率的影响试验研究[J]. 工程勘察,2008(10):6 - 10.

[69] 查甫生,刘松玉,杜延军. 击实膨胀土的电阻率特性试验研究[J]. 公路交通科技,2007,24(2):28 - 32.

[70] 查甫生,刘松玉,杜延军. 基于电阻率法的膨胀土吸水膨胀过程中结构变化定量研究[J]. 岩土工程学报,2008,30(12):1832 - 1839.

[71] 查甫生,刘松玉,杜延军,等. 黄土湿陷过程中微观结构变化规律的电阻率法定量分析[J]. 岩土力学,2010,31(6):1692 - 1697.

[72] 查甫生,刘松玉,杜延军,等. 基于电阻率的非饱和土基质吸力预测[J]. 岩土力学,2010,31(3):1003 - 1008.

[73] 席培胜,刘松玉,张八芳. 水泥土搅拌桩搅拌均匀性的电阻率评价方法[J]. 东南大学学报(自然科学版),2007,37(2):355 - 358.

[74] 付伟. 单轴压缩与冻融作用下粉质黏土电阻率试验研究[D]. 武汉:中国科学院武汉岩石力学研究所博士学位论文,2009.

[75] 郭秀军,刘涛,贾永刚. 土的工程力学性质与其电阻率关系实验研究[J]. 地球物理学进展,2003,18(1):151 - 155.

[76] 康辉平. 土的电阻率与土工参数相关性实验研究[J]. 水利科技,2006(4):40 - 43.

[77] 李庚,赵明阶. 击实土电阻率特性的试验研究[J]. 山西建筑,2008,34(14):7 - 8.

[78] 孙树林,李方,谌军. 掺石灰黏土电阻率试验研究[J]. 岩土力学,2010,31(1):51 - 55.

[79] Dey A, Morrison H F. Resistivity modeling for arbitrarily shaped three - dimensional structures [J]. Geophysical Prospecting,1979,27:106 - 136.

[80] Dey A, Morrison H F. Resistivity modeling for arbitrarily shaped three - dimensional structures [J]. Geophysics,1979b, 44(4): 753 - 780.

[81] 徐世浙. 地球物理中的有限单元法[M]. 北京:科学出版社,1994.

[82] 周熙襄,钟本善,严忠琼,等. 点源二维电法正演的有限单元法[J]. 物探化探计算技术,1983,5(3):19 - 40.

[83] 罗延钟,孟永良. 关于用有限单元法对二维构造作电阻率法模拟的几个问题[J]. 地球物理学报,1986, 29(6):613 - 621.

[84] 阮百尧,熊彬,徐世浙. 三维地电断面电阻率测深有限元数值模拟[J]. 地球科学,2001,26(1):73 - 77.

[85] 黄俊革,阮百尧,鲍光淑. 三维地电断面激发极化法有限元数值模拟[J]. 地球科学—中国地质大学学报,2003,28(3):323 - 326.

[86] 蔡军涛,阮百尧. 复电阻率法二维有限元数值模拟[J]. 地球物理学报,2007,50(6):1869 - 1876.

[87] Mufti I R. Finite - difference resistivity modeling for arbitrarily shaped two - dimensional structures[J]. Geophysics,1976,41:62 - 78.

[88] Spitzer K A. 3 - D finite - difference algorithm for DC resistivity modeling using conjugate methods[J]. Geophysical Journal International. ,1995,123:903 - 914.

[89] 刘树才,周圣武. 二维电法数值模拟中的网格剖分方法[J]. 物化探计算技术, 1995,17(1):49 - 51.

[90] 刘树才,刘志新,姜志海,等. 矿井直流电法三维正演计算的若干问题[J]. 物探与化探,2004,28(2):170 - 176.

[91] 吴小平,徐果明,李时灿. 利用不完全 Cholesky 共轭梯度法求解点源三维电场[J]. 地球物理学报,1998,41(6):848 - 854.

[92] 刘正栋,关洪军,聂永平,等. 稳定点电流源场三维有限差分正演模拟[J]. 解放军理工大学学报,2000,1(3):45 - 50.

[93] 王昌学,徐果明,李时灿. 多分量感应测井响应的交错网格有限差分法模拟[J]. 石油大

学学报,2005,9(3):35 -40.

[94] 韩江涛. 起伏地表三维电阻率法数值模拟与分析[D]. 长春:吉林大学,2009.

[95] Pelton W H,Rijo L, Switf J r,CM. Inversion of two - dimensional resistivity and induced - Polarization data [J]. Geophysics,1978,43:788 -803.

[96] Petrick W R,J R,Sil1W R, Wadr S H. Three dimensional resistivity inversion using alpha centers[J]. Geophysics,1981,46:1148 -1163.

[97] Shima H. Two - dimensional automatic resistivity inversion technique using alpha centers [J]. Geophysics,1990, 55(6): 682 -694.

[98] Shima H. 2-D and 3-D resistivity image reconstruction using crosshole data[J]. GeoPhysies, 1992,57:1270 -1281.

[99] Park S K, VanCzP. Inversions of Pole - Pole data of 3-D resistivity structure beneath arrays of electrodes[J]. GeoPhysies. 1991,56:951 -960.

[100] E11is R Q,Oldenburg DW. The pole - pole 3-D DC-resistivity inverse problem:a conjugate gradients approach[J]. Geophysical Journal International 1994, 119: 187 -94.

[101] Zhang J,Mackie R L,Madden T R. 3-D resistivity forward modeling and inversionusing conjugate gradients[J]. Geophysics,1995,60: 1313 -1325.

[102] 王兴泰,李晓芹. 电阻率图像重建的佐迪(Zohdy)反演及其应用效果[J]. 物探与化探, 1996,20(3):228 -233.

[103] 王若,王兴泰. 用改进的佐迪反演方法进行二维电阻率图像重建[J]. 长春科技大学学报,1998,28(3):339 -344.

[104] 张大海,王兴泰. 二维视电阻率断面的快速最小二乘反演[J]. 物探化探计算技术, 1999,21(1):2 -8.

[105] 王丰,王兴泰. 改进的模拟退火方法及其在电阻率图像重建中的应用[J]. 长春科技大学学报,1999,29(2):175 -178.

[106] 李金铭,罗延钟. 电法勘探新进展[M]. 北京: 地质出版社,1996.

[107] 张献民. 应用高密度电法探测煤田陷落柱[J]. 物探与化探,1994,18(5): 363 -370.

[108] 郭铁柱. 高密度电法在崇青水库坝基渗漏勘查中的应用[J]. 北京水利,2001(2): 39 -40.

[109] 吴长盛. 北大港水库堤坝裂缝检测与评定技术研究[J]. 水利水电技术,2001(5): 61 -63.

[110] 王文州. 物探技术在高速公路熔岩地区地质勘探中的应用[J]. 中外公路,2001,21 (4):56 -58.

[111] 王鹏. 二维电阻率层析成像技术在土石坝渗漏诊断中的应用[D]. 重庆:重庆交通大学,2009.

[112] 余东. 土石坝渗漏的电阻成像诊断试验研究[D]. 重庆:重庆交通大学,2010.

[113] 赵明阶,何叶,荣耀,等. 填方路基压实质量的电阻率成像诊断试验研究[J]. 中国公路学报,2010,24(3):16 -21.

[114] 孙建国. 岩石物理学基础[M]. 北京:地质出版社,2006.

[115] Palacky G J. Clay mapping using electromagnetic methods[M]. First Break,1987:295 - 306.

[116] Fukue M, MinatoT, HoribeH. The micro - structures of clay given by resistivity measurements[J]. Engineering Geology,1999,54:43 - 53.

[117] McCarter W J. The electrical resistivity characteristics of compacted clays[J]. Geotechnique,1984,34(2):263 - 267.

[118] Rhoades J D, Van SchifgaardeJ. An eletrical conductivity probe for determining soil salinity [J]. Soil Sci. AmJ. ,1976,40:647 - 651.

[119] McNeill J. Use of electromagnetic methods for groundwater studies [J]. Geotech. and Envir. Geophys, S. Ward, ed,1990,1:191 - 218.

[120] Shea P F, LuthinJ N. An investigation of the use of four - electrode probe for measuring soil salinity in situ[J]. Soil Sci,1961,92:331 - 339.

[121] Rhoades J J, Manteghi N A, Shouse P J, et al. Soil electrical conductivity and soil salinity: new formulations and calibrations [J]. Soil Science Society of American Journal, 1989, 53: 433 - 439.

[122] 中华人民共和国国家标准. GB/T 50145—2007 土的工程分类标准[S]. 北京:中国计划出版社,2007.

[123] 中华人民共和国电力行业标准. DL/T 5355—2006 水电水利工程土工试验规程[S]. 北京:中国电力出版社,2006.

[124] 中华人民共和国交通行业标准. JTG E40—2007 公路土工试验规程[S]. 北京:人民交通出版社,2007.

[125] 中华人民共和国国家标准. GB 50021—2009 岩土工程勘察规范[S]. 北京:中国建筑工业出版社,2009.

[126] 中华人民共和国国家标准. GB 50007—2011 建筑地基基础设计规范[S]. 北京:中国建筑工业出版社,2011.

[127] 中华人民共和国交通行业标准. JTS 133—2013 水运工程岩土勘察规范[S]. 北京:人民交通出版社,2013.

[128] 中华人民共和国交通行业标准. JTG D63—2007 公路桥涵与地基基础设计规范[S]. 北京:人民交通出版社,2007.

[129] 中华人民共和国铁路运输行业标准. TB 10077—2001 铁路工程岩土分类标准[S]. 北京:中国铁道出版社,2001.

[130] 徐文杰,胡瑞林. 土石混合体概念、分类及意义[J]. 水文地质工程地质,2009(4): 50 - 56.

[131] 郭庆国,粗粒土的工程特性及应用[M]. 郑州:黄河水利出版社,1998.

[132] 王丹,杜晓飞,马履霞. 土工程分类标准的横向对比[J]. 工程勘察,2009(S2):46 - 55.

[133] Xiao Li, Qiulin Liao, J ianming He. In-situ Tests and Stochastic Structural Model of Rock and Soil Aggregate in the Three Gorges Reservoir Area [J]. International Journal of Rock

Mechanics and Mining Sciences, 2004, 41 (3): 494.

[134]《工程地质手册》编委会. 工程地质手册[M]. 北京:中国建材工业出版社,2011.

[135] 油新华. 土石混合体的随机结构模型及其应用研究[D]. 北京:北方交通大学,2001.

[136] 油新华,汤劲松. 土石混合体野外水平推剪试验研究[J]. 岩石力学与工程学报, 2002,21 (10):1537 -1540.

[137] Edmund Medley. Then engineering characterization of melanges and similar Rock2in2Mixtrix Rocks (Bimrocks)[D]. University of California at Berkeley, 1994.

[138] Lindquist E S. The strength and deformation properties of mélange [D]. University of California at Berkeley, 1994.

[139] Parker S P. Dictionary of geology and mineralogy[M]. New York: McGraw - Hill, 2003: 199.

[140] HSUKJ. Melange and the melange tectonics of Taiwan[J]. Journal of the Geological Society of China, 1988, 31 (2): 87 - 92.

[141] 张苏明. 粗粒土的工程性质及地基评价[J]. 勘察科学技术,1991(1):1 -5.

[142] 郭庆国. 关于粗粒土工程特性及其分类的探讨[J]. 水利水电技术,1979(6):53 -57.

[143] 郭庆国. 关于粗粒土抗剪强度特性的试验研究[J]. 水利学报,1987(5):59 -65.

[144] 武明. 土石混合非均质填料的压实特性试验研究[J]. 公路,1996(5):33 -38.

[145] 董云. 土石混合料强度特性的试验研究[J]. 岩土力学,2007,28(6):1269 -1274.

[146] 中华人民共和国发展和改革委员会. DL/T 5356—2006 水电水利工程粗粒土试验规程[S]. 北京:中国电力出版社,2006.

[147] Kalinski R J. Electrical resistivity measurements for evaluation compacted - soil liners[J]. Journal of Geotechnical Engineering,1994,120(2):451 -457.

[148] Aba - Hassanein Z S. The electrical resistivity of compacted clays[J]. Journal of Geotechnical Engineering,1996, 122(5):397 -406.

[149] Kandiah Arulanandan. Electrical dispersion in relation to soil structure[J]. Journal of Soil Mechanics and Foudations Division,1973,94(SMA):1113 -1128.

[150] 刘松玉,查甫生,于小军. 土的电阻率室内测试技术研究[J]. 工程地质学报,2006, 14(2):216 -222.

[151] Michell J K,Arulanandan L. Electrical dispersion in relation to soil structure[J]. Journal of Soil Mech. and Foundation Div. ASCE,1968,194(SM2):447 -471.

[152] Rhoades J D,Van Schifgaarde J. An eletrical conductivity probe for determining soil salinity [J]. Soil Sci. AmJ,1976,40:647 -651.

[153] 余东,赵明阶,杨建国. 土石坝坝体渗漏通道的电阻率成像诊断试验研究[J]. 重庆交通大学学报(自然科学版):2010,29(2):1124 -1127.

[154] 赵明阶,汪魁,余东,等. 土石坝渗漏的波—电场耦合成像诊断技术研究(国家自然科学基金项目 No. 50779081)[R]. 重庆交通大学研究报告,2011.

[155] 赵明阶,汪魁. 填方路基压实质量的波电场耦合快速检测技术研究(江西省交通厅科技项目)[R]. 重庆交通大学研究报告,2012.

[156] 赵明阶,汪魁,何叶,等.填方路基病害的CT成像诊断技术研究(重庆市交通科技支撑项目)[R]. 重庆交通大学研究报告,2012.

[157] 赵明阶, 汪魁,李庚.多相土石复合介质电阻率特性的试验研究(重庆市教委科技项目)[R]. 重庆交通大学研究报告,2012.